AF498250

* 9 7 8 7 9 8 3 9 7 4 6 1 0 *

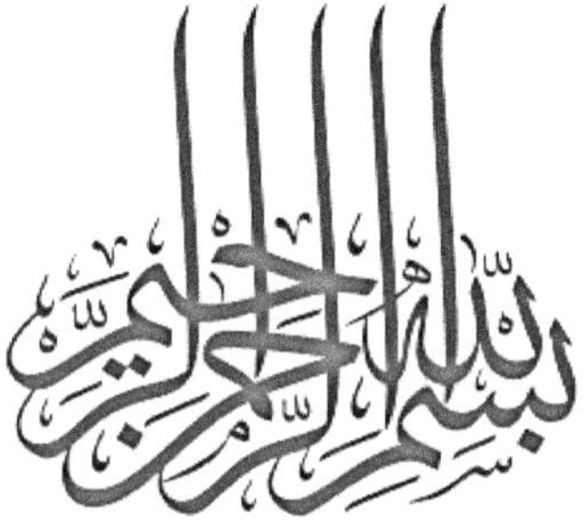

تكنولوجيا النانو
والخزانات الجوفية

بطاقة الكتاب

اسـم الكتـاب: تكنولوجيـا النـانو والخزانـات الجوفية

الكاتب: أ.د. محمد فتحي الأمين

التنسيق والإخراج الفني: سليل الفراعنة

تصميم الغلاف: عبدالرحمن رأفت

المقاس: 21×14.8

الطبعة الأولى: 2024

رقم الإيداع: 14883 /2023

(ISBN): 9787983974610

الناشر: دار صيد الخاطر للنشر والتوزيع

المدير العام: أحمد فؤاد

للتواصل: 7919 076 0109

العنوان: ميدان الساحة – الدقي – الجيزة

تكنولوجيا النانو والخزانات الجوفية

للكاتب

أ.د. محمد فتحي الأمين

أستاذ الرياضيات التطبيقية والعلوم الحسابية والهندسية
جامعة عفت، السعودية، جامعة أسوان، مصر

تقديم

يقدم هذا الكتاب باللغة العربية إضافة لمكتبة العلوم والتكنولوجيا بما يلبي حاجة ماسة في الوطن العربي للمحتوى العلمي المعرب. إن الغرض من التعريب ليس إحلال العربية محل الإنجليزية كلغة علم رئيسية، بل توفير مصادر معرفية موثوقة للباحثين والاكاديميين والمهندسين والفنيين الذين يفضلون القراءة بلغتهم الأم، مما يعزز فهمهم ويسهم في رفع كفاءتهم المهنية.

يؤمن المؤلف بأهمية تثقيف المجتمع ونشر الوعي العلمي بين أفراده، وهو ما يُسهله تقديم المعلومات بلغة القارئ الأساسية. هذا الأمر يُمكّن القارئ العربي من مواكبة التطورات العلمية العالمية ويسهم في إثراء البحث العلمي والتطبيق العملي في الوطن العربي.

بالإضافة إلى ذلك، يمكن للتعريب أن يُساعد في تحفيز الطلاب والباحثين الناطقين بالعربية على الاهتمام بالمجالات العلمية المتقدمة كعلم النانو، ويُشجعهم على المساهمة بشكل أكبر في هذه الصناعة. يُعتبر الكتاب أداة للتعليم والتعلم، وهو جسر يربط بين المعرفة العلمية المتخصصة والمهارات التطبيقية، ويمنح الفرصة للقراء العرب للإسهام بشكل فعّال في الابتكار والتطوير في مجالاتهم المختلفة.

يُعتبر علم النانوتكنولوجيا من المجالات الثورية التي شهدت نموًا هائلًا وأثرًا لا يُنكر في العقدين الأخيرين، مما أدى إلى تغيير جذري في مسارات

البحث العلمي والتطبيقات الصناعية المتنوعة. الجسيمات النانوية، بخصائصها الفريدة والمتميزة، قد فتحت آفاقاً جديدة لمواجهة تحديات علمية متعددة وساهمت بشكل كبير في تطوير تقنيات جديدة ومبتكرة. وعلى الرغم من الإنجازات البارزة في هذا المجال، إلا أن تقدم النمذجة الرياضية والعددية لانتقال هذه الجسيمات لا يزال يتسم بالبطء نسبيًا مقارنةً بالجوانب الأخرى.

لذا، يأتي هذا الكتاب ليسد هذه الفجوة ويدعم البحث العلمي المتعلق بالنمذجة العددية لانتقال الجسيمات النانوية في الأوساط المسامية، مسلطًا الضوء على الأساليب الرياضية والحسابية المعقدة في هذا الميدان. يغطي الكتاب مواضيع متنوعة تتراوح بين النماذج الرياضية الممثلة، التحليل البعدي، الخوارزميات والحلول العددية، وصولاً إلى تحليل التقارب لدراسة انتقال الجسيمات النانوية، ويشمل أنواع متعددة من الأوساط المسامية كالمتجانسة والمتكسرة والمتباينة، بالإضافة إلى دراسة أنواع مختلفة من الجسيمات النانوية كالجسيمات المغناطيسية والسوائل الحديدية.

يُعد هذا الكتاب مرجعًا شاملاً يستهدف جمهورًا واسعًا يشمل المتخصصين والباحثين في المجالات الأكاديمية والصناعية، مثل علماء الهيدرولوجيا، علماء الرياضيات، مهندسي البترول والميكانيكا والكيمياء والبيئة، وكذلك العاملين في مجالات العلوم المادية والمواد المسامية والنمذجة العددية، خاصةً الطلاب

والمهندسين العاملين في مجالات الموائع. ولا شك أن المواد المقدمة في هذا الكتاب ستكون مفيدة أيضًا في دورات وتدريب المهندسين والطلاب على حد سواء.

د. محمد فتحي الأمين
جدة – جماد أول ١٤٤٥
ديسمبر ٢٠٢٣

* * *

الفصل الأول
تكنولوجيا النانو

في هذا الفصل التمهيدي، نسلط الضوء على المفاهيم الجوهرية والأدوات الأساسية التي تشكل الركيزة العلمية لهذا الكتاب. يبدأ القسم اللاحق بتعريف مختصر لتكنولوجيا النانو، مستعرضًا مجالاتها الواسعة وتأثيراتها العميقة، يليه عرض موجز لأنواع الجسيمات النانوية، وخصائصها المتميزة. كما يتم عرض بعض تطبيقات استخدام انتقال الجسيمات النانوية في الاوساط المسامية.

وتشمل التطبيقات استخدام الجسيمات النانوية في الاستخلاص المعزز للنفط بالإضافة إلى المجالات الواسعة جداً لتطبيق الجسيمات النانوية في مجال انتقال الحرارة. وهناك تطبيق حديث جدًا وهو حصاد مياه الغلاف الجوي بمساعدة استخدام الجسيمات النانوية. ناقشنا أيضًا احتجاز ثاني أكسيد الكربون بواسطة المواد النانوية وتخزينه في باطن الأرض. وهناك ايضا تطبيق حديث يعتبر أحد التطبيقات المهمة الأخرى للموائع النانوية في الاوساط المسامية هو تخزين الهيدروجين في خزانات هيدريد المعدن.

الكلمات الرئيسية :

المصطلح باللغة الانجليزية	المصطلح باللغة العربية
Nanotechnology	تكنولوجيا النانو
Nanoparticles	الجسيمات النانوية
Enhanced oil recovery	الاستخلاص المعزز للنفط
Carbon dioxide capture	التقاط ثاني أكسيد الكربون
Nanoparticle isolation of carbon dioxide	عزل الجسيمات النانوية لثاني أكسيد الكربون
Metal hydride	هيدريد المعدن
Hydrogen storage	تخزين الهيدروجين
Atmospheric water harvesting	حصاد المياه الجوية

مقدمة

في نهايات الخمسينيات من القرن العشرين، وبالتحديد في العام 1959، قدم العالم ريتشارد فاينمان مفهومًا ثوريًا يُعرف اليوم بتكنولوجيا النانو، وذلك خلال محاضرة تاريخية أسست لمجال جديد كليًا في العلوم والهندسة، يعتمد على استكشاف وتطوير المواد على المقياس النانوي. النانومتر هو وحدة قياس تبلغ واحد من المليار من المتر، وهو المقياس الذي تتراوح عنده أبعاد الجسيمات النانوية، والتي لا يزيد قطرها عادةً عن مئة نانومتر. هذه الجسيمات الصغيرة جدًا، التي تعتبر صغيرة للغاية بحيث لا ترى بالعين المجردة، تتمتع بخصائص فيزيائية وكيميائية مميزة تختلف بشكل كبير عن تلك التي للمواد الأكبر حجمًا. مثلاً، بما أن القوى الجاذبية تُصبح غير مؤثرة تقريبًا على هذا المقياس، يزداد تأثير قوى التوتر السطحي وجاذبية فان – دير – فالز وتصبح هي العوامل الرئيسية في تحديد سلوك هذه الجسيمات.

شكل **1-1**: ريتشارد فاينمان (١٩١٨ – ١٩٨٨)

ريتشارد فيليبس فاينمان كان عالم فيزياء أمريكي متميز، وُلد في الحادي عشر من مايو عام 1918 وتوفي في الخامس عشر من فبراير عام 1988. اشتهر بإسهاماته البارزة في ميكانيكا الكم وفيزياء الجسيمات، وكان من أكثر العلماء تأثيراً في القرن العشرين. حاز على جائزة نوبل في الفيزياء عام 1965 لعمله في تطوير النظرية الإلكتروكمية. ريتشارد فاينمان لم يكتشف علم النانو بحد ذاته، بل قدّم بصيرة مبكرة ورؤية استشرافية لما يمكن أن تصبح عليه هذه التكنولوجيا وتُعتبر هذه المحاضرة ركيزة فكرية للنانوتكنولوجيا، حيث سلطت الضوء على الإمكانيات الهائلة للتحكم بالمادة على المستوى الأصغر من الميكروسكوبي، مما شجع على استكشافات وابتكارات لاحقة في هذا الميدان الذي يمثل اليوم واحداً من أهم مجالات البحث العلمي والتطبيقات الهندسية.

لقد تركت تقنية النانو بصمتها الواضحة على شتى المجالات الصناعية وأدت إلى تطورات علمية وهندسية رائدة. على سبيل المثال، السوائل النانوية، التي تُعد عبارة عن معلق غروي للجسيمات النانوية في سائل، قد تم تصنيعها لتتحمل ظروفًا قاسية مثل الحرارة العالية والضغط الشديد. إن تصميم الجسيمات النانوية يعمل على زيادة مساحة السطح بشكل كبير، وهو ما يعزز من التفاعلات على المستوى الجزيئي، ويُظهر الشكل 1-2 صورة واضحة لجسيمات البولي سيليكون النانوية تحت المجهر الإلكتروني النافذ (TIM)، وهو أداة دقيقة تُمكّننا من رؤية هذه الجسيمات على مقياسها الحقيقي.

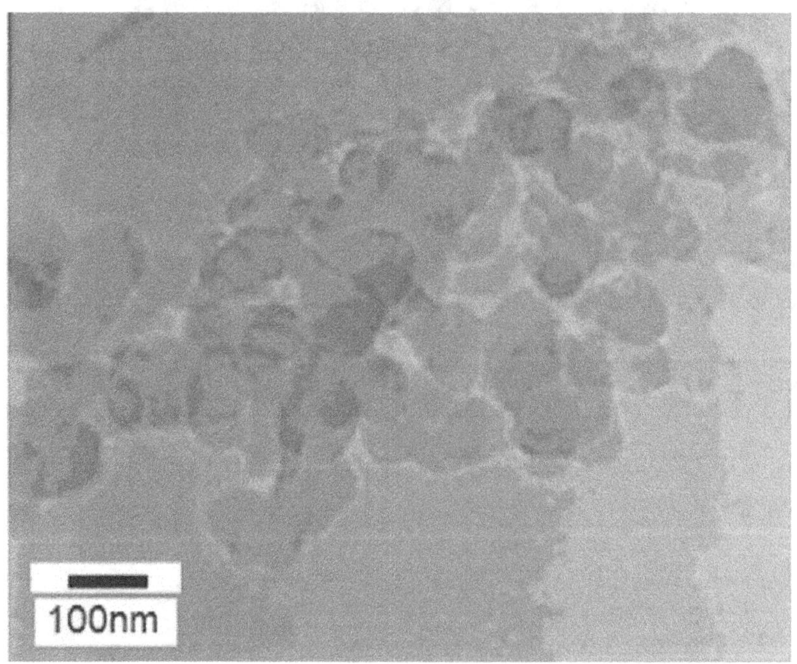

شكل 1-2: الجسيمات النانوية للبولي سيليكون

تنقسم الجسيمات النانوية إلى عدة فئات بناءً على حجمها وشكلها وخصائصها الفيزيائية والكيميائية. وعادة يتم تصنيف الجسيمات النانوية القائمة على الكربون والسيراميك والبوليمر والمعادن وأشباه الموصلات على أنها جسيمات نانوية. ويوجد نوعان من الجسيمات النانوية المعتمدة على الكربون هما أنابيب الكربون النانوية، وهي عبارة عن صفائح جرافين ملفوفة في أنبوب. ويمكن تقسيم أنابيب الكربون النانوية إلى نوعين، أنابيب الكربون النانوية أحادية الجدار ومتعددة الجدران (انظر الشكل 1-3).

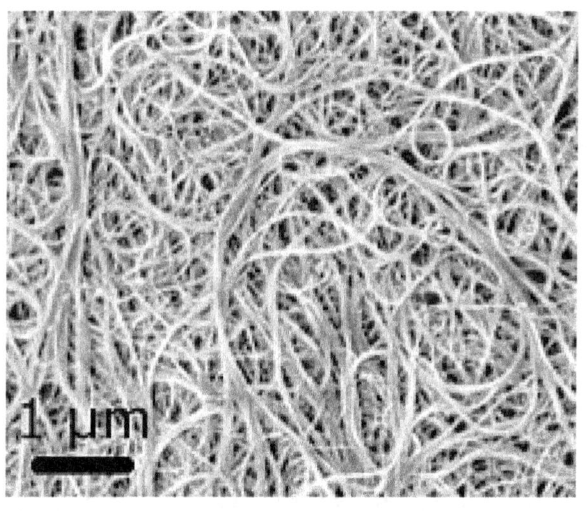

شكل 1-3: أنابيب الكربون النانوية (صورة مجهرية)

وتعد الجسيمات النانوية الخزفية، المكونة من الأكاسيد والكربونات والكربيدات والفوسفات، هي مواد صلبة خاملة كيميائيًا وحراريًا ولها مقاومة عالية للحرارة (انظر الشكل 1-4). ومن خلال ضبط خصائص

الجسيمات النانوية، مثل الحجم ومساحة السطح والمسامية ونسبة السطح إلى الحجم، يمكن استخدام الجسيمات النانوية الخزفية في التحفيز الضوئي والتصوير وتوصيل الأدوية الجسيمات النانوية البوليمرية هي جسيمات نانوية عضوية ذات كبسولات نانوية أو أشكال تشبه الغلاف النانوي. إن مورفولوجية جسيم الغلاف النانوي تشبه المصفوفة، في حين أن مورفولوجية جسيم الكبسولة النانوية عبارة عن غلاف أساسي. يستفيد كل من توصيل الأدوية وتشخيصها من الجسيمات النانوية البوليمرية.

شكل 1-4: الجسيمات النانوية الخزفية

ومن ناحية أخرى فان الجسيمات النانوية المعدنية تتكون من سبائك معدنية ويمكن إنتاجها كيميائيًا أو كهروكيميائيًا أو كيميائيًا ضوئيًا. ويمكن استخدام الجسيمات النانوية المعدنية في تطبيقات مختلفة، بما في ذلك التصوير والجزيئات الحيوية وغيرها من الأبحاث البيئية والتحليلية الحيوية. وتتميز الجسيمات النانوية لأشباه الموصلات، مثل نيتريد الغاليوم (GaN)، وأكسيد الزنك (ZnO)، وكبريتيد الزنك (ZnS)، بخصائص مشابهة لكل من الجسيمات النانوية المعدنية وغير المعدنية. ويعتبر التحفيز الضوئي، والإلكترونيات، والبصريات الضوئية ليست سوى عدد قليل من تطبيقاتها.

كما ان الجسيمات النانوية المعززة للنفط مثل جسيمات البولي سيليكون النانوية والتى يمكن تصنيفها إلى فئتين بناءً على قابلية بلل سطحها، وجسيمات البولي سيليكون النانوية الكارهة للزيت والمحبة للماء ((LHPN والجسيمات النانوية متعددة السيليكون الكارهة للماء والمحبة للزيت (HLPN) يمكن استخدامها في مرحلة استخلاص النفط الثانوية. حيث يهدف حقن السائل إلى الحفاظ على الضغط داخل الخزان لمواصلة إزاحة الزيت.و في مرحلة الاستخلاص الثانوية للنفط، يهدف حقن السوائل إلى الحفاظ على الضغط داخل الخزان لمواصلة إزاحة النفط. ومن ناحية أخرى، في المرحلة الثالثة، يتفاعل السائل المحقون مع مكونات الخزان، بما في ذلك الصخور والهيدروكربونات .على الرغم من أن آليات الاستخلاص المعزز للنفط

(Enhanced Oil Recovery, EOR) هي المرحلة الأكثر أهمية في عملية استخلاص النفط، إلا أنها تواجه العديد من المشكلات، مثل كفاءة المسح المحدودة وخطر تلف التكوينات.و في أبحاث الجسيمات النانوية المعاصرة، يُنظر إلى غالبية الصعوبات المرتبطة بتقنيات الاستخلاص المعزز للنفط التقليدية على أنها حلول ممكنة .تُستخدم الجسيمات النانوية المعززة للنفط في شكل سوائل نانوية، ومستحلبات نانوية، ومحفزات نانوية. قد يساعد هذا في تعديلات قابلية البلل، ولزوجة سائل الحقن، وتقليل التوتر السطحي .كما يمكن للجسيمات النانوية أن تساعد في طرق الاستخلاص المعزز للنفط التقليدية، مثل التقنيات الحرارية والكيميائية والغازية.و يمكن اعتبار الجسيمات النانوية آلية محتملة للاستخلاص المعزز للنفط لتحسين استخلاص الهيدروكربون عن طريق تغيير خصائص الصخور والسوائل عن طريق التفاعل بين النفط الصخري وقابلية التبلل من خصائص الصخور التي يتم تعديلها بإضافة الجسيمات النانوية. ويمكن للجسيمات النانوية أن تغير قابلية بلل الصخور من الرطبة بالزيت إلى الرطبة بالماء حيث يميل الزيت إلى الالتصاق بجدران الاوساط المسامية في الصخور المبللة بالنفط، ويكون الغمر المائي غير فعال في هذه الصخور لأن قطرات الزيت لا يمكنها السريان بسرعة بين مسام الصحور المسامية. ومن ناحية أخرى، يمكن لحقن الجسيمات النانوية أن يحول قابلية بلل الصخور من مبللة بالماء إلى مبللة بالماء .ويميل الماء إلى تشرب السطح الصخري في الصخور الرطبة بالماء،

ويندفع النفط نحو بئر الإنتاج بسبب غمر المياه؛ وبالتالي، يتحسن استخلاص النفط. وعلاوة على ذلك، يؤثر التصاق الجسيمات النانوية على لزوجة السائل، وتقليل التوتر السطحي، وتثبيت المستحلب، مما يزيد من معدل الاسترداد مقارنةً بغمر البوليمر الخافضة للتوتر السطحي الكيميائي التقليدي. ومن المعروف ايضا أن ارتفاع درجة الحرارة داخل الخزان يقلل من كفاءة غمر البوليمر الفاعل بالسطح. ويتميز معلق (خليط) الجسيمات النانوية بسلوك مستقر عند درجات الحرارة المرتفعة، مما يجعله حلاً قابلاً للتطبيق طريقة الاستخلاص المعزز للنفط في درجات الحرارة العالية.

ومن اهم تطبيقات النانو واثرها هو تعزيز انتقال الحرارة بشكل كبير من خلال إدراج كمية صغيرة من جسيمات النانوية. حيث تعمل الجسيمات النانوية المشتتة على تحسين التوصيل الحراري الفعال للسائل، والذي يرتفع مع نسبة حجم الجسيمات النانوية في تطبيقات انتقال الحرارة. ويعد استخدام السوائل النانوية لتعزيز انتقال الحرارة طريقة موثوقة لتحسين أدائها حيث توفر الاوساط المسامية اتصالًا كبيرًا بمساحة السطح، مما يسهل معدل انتقال الحرارة. لذلك، يمكن للسوائل النانوية الموجودة في الاوساط المسامية أن تزيد من كفاءة انتقال الحرارة بشكل كبير. ومن ناحية أخرى، تحفز الجسيمات النانوية الحركات البراونية التي تعزز التفاعل والاصطدام بين السائل وقاعدة الجسيمات. كما يمكن استخدام السوائل النانوية لتعزيز امتصاص الطاقة الشمسية.

لقد أصبحت النمذجة الرياضية والمحاكاة باستخدام التحليل العددي لانتقال الجسيمات النانوية في الموائع أحادية أو ثنائية الطور مجالاً بحثياً نشطاً، وهو محور هذا الكتاب. وتُدرس فيه أنواع عديدة من الجسيمات النانوية، بما في ذلك السوائل الحديدية والجسيمات النانوية المغناطيسية. يُبحث أيضًا كيف يمكن لهذه التقنيات المساهمة في التنبؤ بانتقال الجسيمات النانوية عبر الاوساط المسامية. وأخيرًا، يُسلط الكتاب الضوء على كيفية تعزيز انتقال الحرارة من خلال إضافة جسيمات نانوية، التي تُحسن من التوصيل الحراري الفعال للسوائل وتُعزز التفاعلات بين السائل والجسيمات، مما يفتح آفاقًا جديدة في تطبيقات كالامتصاص الشمسي والتبريد. يتم تحضير هذه السوائل بتقنيات متنوعة تشمل الطرق الفيزيائية والكيميائية، كل منها يتميز بمزايا وتحديات مختلفة، والتي يجب مراعاتها لضمان استقرار وفعالية السوائل النانوية.

استخدام الجسيمات النانوية في تعزيز استخلاص النفط

ظهرت مؤخرًا تطبيقات الجسيمات النانوية في مجال استكشاف/إنتاج النفط/الغاز كمجال واعد للدراسة. على سبيل المثال، يمكن استخدام أنواع معينة من الجسيمات النانوية كأدوات تعقب في التنقيب عن النفط والغاز، بينما يمكن استخدام أنواع أخرى لتعزيز عملية استخراج النفط. قد يؤدي إدخال الجسيمات النانوية إلى خزان النفط إلى تغيير انسيابية السوائل، وحركتها، وقابليتها للبلل، وجوانب أخرى من السوائل، مما يستلزم إجراء أبحاث مكثفة. قد يؤدي امتزاز الجسيمات النانوية على جدران المسام إلى تغيير ظروف

قابلية البلل للصخور المكمنة، مما يؤدي إلى تحسين عملية استخلاص النفط . على الرغم من أن الجسيمات النانوية تأتي في مجموعة متنوعة من الأحجام، إلا أن تلك الجسيمات الأصغر من المسام العادية هي الضرورية . علاوة على ذلك، فإن بعض الجسيمات النانوية مغناطيسية ويمكن أن تتأثر بالمجالات المغناطيسية الخارجية . عندما يتفاعل مجال مغناطيسي خارجي مع معلقة من الجسيمات النانوية الممغنطة، يتم إنشاء قوى جاذبة على الجسيمات . عندما يصبح المجال المغناطيسي الخارجي أقوى، تسمح الحساسية العالية للتعليق بتعبئة الجسيمات النانوية عبر الأسطح المسامية.

وقد أدى استقرار السوائل النانوية وخصائصها المحتملة إلى مجموعة متنوعة من التطبيقات، بما في ذلك الاستخلاص المعزز للنفط، والذي يتضمن حقن السوائل النانوية في خزانات الهيدروكربون وقد تم الإشادة بها مؤخرًا باعتبارها نهجًا متطورًا لزيادة إنتاج النفط. وعلى عكس حلول الاستخلاص المعزز للنفط الكيميائية التقليدية مثل المواد الخافضة للنفط والبوليمرات، التي تتدهور وتفقد استقرارها ووظائفها في ظروف المكامن القاسية، يمكن للسوائل النانوية الحفاظ على استقرارها ووظائفها . فالسيليكا، على سبيل المثال، هي نوع من الجسيمات النانوية الآمنة للبيئة، ولها بنية طبيعية مماثلة لخزانات النفط من الحجر الرملي، ويمكن أن تعزز إنتاج النفط من خلال تحسين عامل الاستخلاص. في حين أن الحجم الصغير للجسيمات النانوية يسمح لها بالتحرك بحرية في الاوساط المسامية، فإن الترشيح السطحي

والتصفية والترشيح الفيزيائي الكيميائي يمكن أن يربط الجسيمات النانوية بالصخور، مما يقلل المسامية والنفاذية. ولذلك، يمكن أن تتأثر حركة الجسيمات النانوية في مسام الحلق بعوامل مختلفة مثل معدل الحقن، وتركيز الجسيمات النانوية، وحجم الجسيمات.

ويعتبر التحلل والكميات الكبيرة المطلوبة وارتفاع تكلفة المواد الكيميائية من التحديات الرئيسية في عملية الاستخلاص المعزز للنفط عن طريق الحقن الكيميائي. يمكن أن يكون هذا التغيير بسبب الصفات المميزة للجسيمات النانوية، مثل نسبة السطح إلى الحجم العالية، وإدارة قابلية البلل، وتقليل التوتر السطحي. ولذلك، يعد استخدام المواد النانوية حلاً واعداً في مجال الاستخلاص المعزز للنفط ولكنه مهمة معقدة. قام رزق وعلام بمراجعة محاولات دراسة تأثير إضافات المواد النانوية المختلفة على عملية الاستخلاص المعزز للنفط والعمليات المفترضة.

التطبيق الأكثر بساطة وفعالية من حيث التكلفة للجسيمات النانوية في تعزيز استخلاص النفط هو الغمر النانوي، والذي يتضمن استخدام معلق الجسيمات النانوية كسائل أساسي بدون أي مواد كيميائية أو حرارة.

ومن المعروف أن 60٪- -70٪ من الهيدروكربونات لا يتم استخراجها في معظم حقول النفط. ويتم استخدام غمر المياه كوسيلة ثانوية لتعزيز دفع في

النفط عبر البئر. ولذلك، فإن الاستخلاص المعزز للنفط، والذي يختلف عن إجراءات الاستخلاص الثانوية، يسمح بتغيير الخصائص الطبيعية للهيدروكربونات. ويوجد ثلاث طرق مختلفة للاستخلاص المعزز للنفط، وهي الاستخلاص الحراري، والحقن الكيميائي، وحقن الغاز ويعتمد نهج الاستخلاص المعزز للنفط على البيانات التي تم جمعها أثناء مرحلة تقييم الخزان، بما في ذلك توصيف الخزان، والفحص، وتحديد النطاق، ونمذجة الخزان، والمحاكاة. في طريقة الاستخلاص الحراري، يتم حقن البخار الساخن في الخزان لتقليل لزوجة الزيت وتحسين سيولة الهيدروكربونات. أما من خلال طريقة الحقن الكيميائي، فيتم حقن المركبات الكيميائية، مثل البوليمرات، في الخزان لتحسين كفاءة غمر المياه وفعالية المواد الخافضة للتوتر السطحي. وأخيرًا، تركز طريقة حقن الغاز على حقن الغاز الطبيعي أو النيتروجين أو ثاني أكسيد الكربون في الخزان.

ويمكن أن يختلط الغاز المحقون بالزيت أو يذوب فيه، مما يقلل من لزوجة الزيت ويزيد من كفاءة السريان مما يعزز عملية الاستخراج. ومن ناحية أخرى، فإن حقن الجسيمات النانوية كتقنية جديدة للاستخلاص المعزز للنفط يغير بشكل رئيسي خصائص السطح مثل قابلية التبلل بناءً على نوع الجسيمات النانوية المحقونة. ولذلك فإن فهم خصائص الجسيمات النانوية يعد أمرًا بالغ الأهمية لتحديد حركتها تحت السطح. وتم إجراء بعض التجارب لفحص آليات انتقال الجسيمات النانوية في الاوساط المسامية.

وكان الاستنتاج الأساسي لهذه الأبحاث هو أن حجم وشكل وخصائص سطح المواد النانوية تؤثر على سلوكها. وتم ايضا دراسة تشتت جسيمات السيليكا النانوية في بولي أكريلاميد حيث وجد أن إضافة 0.1٪ من جسيمات السيليكا النانوية إلى السائل يزيد من لزوجة البوليمر وسلوكه اللدن الكاذب، مما يؤدي إلى زيادة في الاستخلاص بنسبة 10٪. وفى دراسة أخرى كانت نتيجة حقن جسيمات السيليكا النانوية بتركيزات مختلفة تتراوح بين 0.01٪ و 0.5٪ وأنه مع زيادة تركيز الجسيمات النانوية، يزداد عامل الاستخلاص. ويوجد كثير من الدراسات الأخرى التي تثبت أهمية استخدام الجسيمات النانوية كآلية معززة لاستخلاص الزيت.

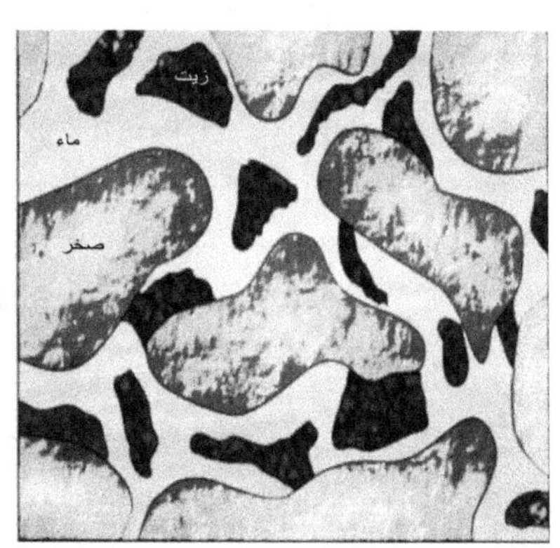

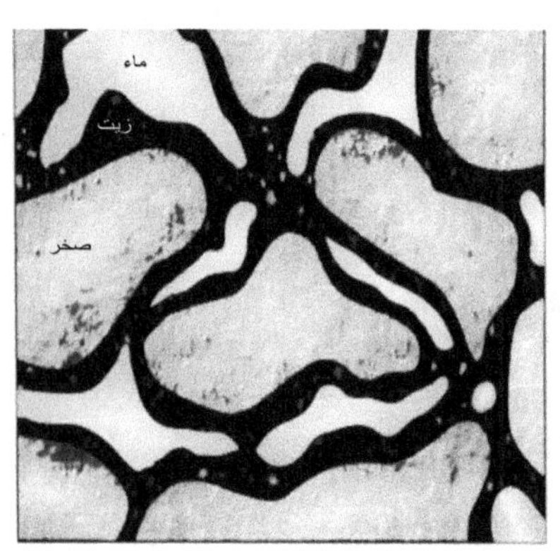

الشكل 1-5: الصخور المبللة بالنفط يسار والصخور المبللة بالماء يمين

ومن المعروف فيزيائيا أن الزيت يميل إلى الالتصاق بجدران الاوساط المسامية في الصخور المبللة بالنفط، كما أن أسلوب غمر المياه غير فعال في هذه الصخور لأن قطرات الزيت لا يمكن أن تهاجر بسهولة بين مسام

المصفوفة. ويمكن أن يؤثر حقن الجسيمات النانوية على قابلية بلل الصخور لجعلها مبللة بالماء. ويميل الماء إلى التماسك مع سطح الصخور في الصخور الرطبة بالماء، وينتقل النفط نحو بئر الإنتاج بسبب فيضان المياه؛ وبالتالي، يتحسن استخلاص النفط. يوضح الشكل 1-5 الصخور الرطبة بالزيت والرطبة بالماء. أما الشكل 1-6 يوضح آلية الاستخلاص المعزز للنفط لحقن الجسيمات النانوية في الاوساط المسامية.

ويعد فصل الضغط، وسد قناة المسام، وزيادة لزوجة مائع الحقن، وانخفاض التوتر السطحي، وتغيير قابلية التبلل، من الآليات الرئيسية للاستخلاص المعزز للنفط. وعادة تتراوح أقطار جزيئات البولي سيليكون من 10 إلى 500 نانومتر، في حين أن نصف قطر مسام الحجر الرملي يتراوح من 6.0 إلى 6.3×10^4 نانومتر، وفقًا للنتائج التجريبية. فإذا كان حجم الجسيمات أكبر من مسام الحلق، فقد يصبح مسام الحلق (أضيق جزء من المسام) مسدودًا. يمكن للجسيمات النانوية أن ترتبط بنجاح بجدران المسام إذا كان حجمها أصغر بكثير من حجم المسام.

ويمكن حقن مساحيق نانوية ذات كثافة كبيرة في حقل النفط لزيادة تغيير قابلية تبلل الصخور. ونظرًا لاختلاف قابلية بلل جزيئات البولي سيليكون وجدران مسام الحجر الرملي، فإن امتزاز البولي سيليكون على جدران مسام الحجر الرملي يؤدي إلى تغيير في قابلية بلل جدار المسام.

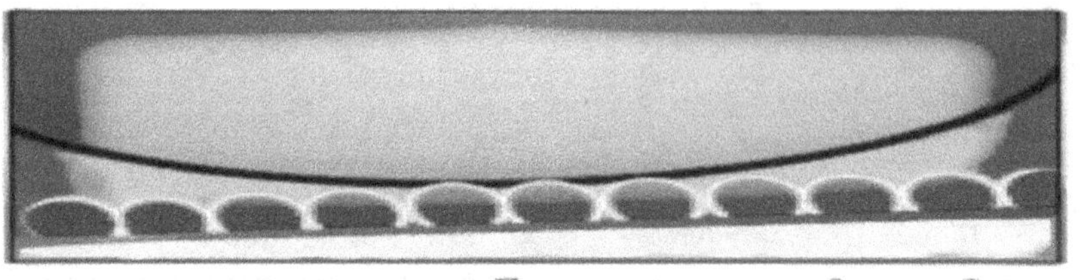

الشكل 1-6: الرسم التخطيطي لآليات الاستخلاص المعزز للنفط للسوائل النانوية

كما يبين الشكل 1-7 أن زاوية الترطيب θ1 أكبر بكثير من 90 درجة، في حين أن زاوية الترطيب θ2 تصبح أقل من 90 درجة بعد معالجة LHPN. ويدل التغير في زوايا الترطيب إلى قابلية بلل سطح الصخور التي يمكن تغييرها من الرطب بالزيت إلى الرطب بالماء عن طريق امتصاص LHPN. وقد ثبت ان بعد حقن LHPN زاد معدل استخلاص النفط بشكل ملحوظ من 52.2٪ إلى 69.8٪.

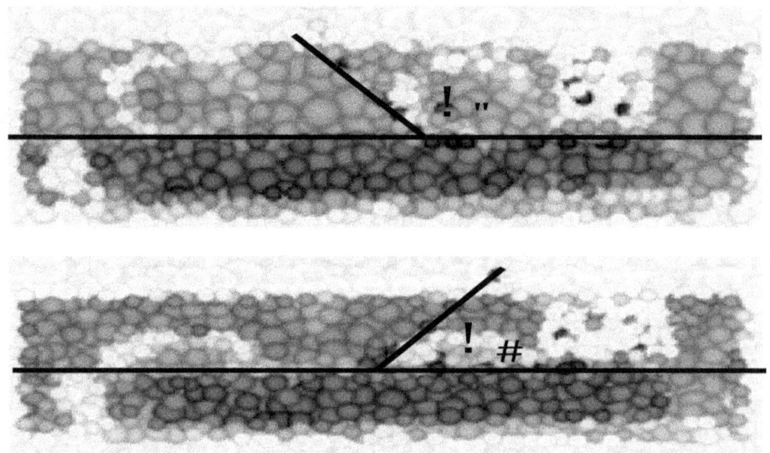

الشكل 1-7: تغير قابلية تبلل الحجر الرملي بعد امتصاص LHPN

كما يساعد الجمع بين المواد الخافضة للتوتر السطحي والجسيمات النانوية في إطلاق قطرات الزيت المحبوسة في مسام رقيقة وقنوات دقيقة في صخور الخزان. وترتبط هذه الظواهر ببعض العوامل التي تؤدي إلى زيادة استخلاص النفط؛ وتشمل هذه المعلمات مثل تغير قابلية التبلل لصخورالخزان، وتكوين المستحلب التلقائي، وتغيير قوى التوتر السطحي بين سوائل الخزان وخصائص الاوساط المسامية. ووجد أنه يمكن تحسين استخلاص الزيت بتركيزات متساوية من الجسيمات النانوية والفاعل بالسطح. كما تعتبر المواد الخافضة للتوتر السطحي المعدلة بالجسيمات النانوية الكارهة للماء أكثر كفاءة من المواد الخافضة للتوتر السطحي المعدلة بالجسيمات النانوية المحبة للماء.

الجسيمات النانوية وانتقال الحرارة

حظيت التطبيقات الحرارية للسوائل النانوية في الاوساط المسامية باهتماماً كبيراً خلال في العقدين الماضيين، نظرًا لتطبيقاتها الواسعة ولخصائصها الحرارية الفيزيائية الممتازة. وتعمل السوائل النانوية على تعزيز انتقال الحرارة مع تقليل تكوين الإنتروبيا. كما توفر السوائل النانوية فوائد كبيرة، بدءًا من انتقال الحرارة الكبير إلى السريان السلس بسبب ميزاتها الفيزيائية الحرارية الرائعة. فمثلاً بالمقارنة مع المواد الأخرى، توفر أنابيب الكربون النانوية خصائص فيزيائية حرارية أفضل.

وتشمل تطبيقات السوائل النانوية، على سبيل المثال لا الحصر، أجهزة استقبال الطاقة الشمسية، والعزل الحراري للمباني، ووحدات تخزين الطاقة، ومعالجة السيراميك، والمفاعلات الحفزية/النووية، وتطبيقات التبريد الصناعية، وصناعة النقل، والأنظمة الكهروميكانيكية الدقيقة (MEMS)، والإلكترونيات والأجهزة والتطبيقات الطبية الحيوية، وما إلى ذلك. كما تُستخدم المبادلات الحرارية المختلفة، مثل الغلاف/الأنبوب/اللوحة، والقنوات الصغيرة، والمدمجة، على نطاق واسع في الصناعات الثقيلة والمعالجة. وفي الآونة الأخيرة، وجد أنه يمكن تحسين أداء انتقال الحرارة للمبادلات الحرارية بشكل كبير باستخدام السوائل النانوية. وفي المبادل الحراري الشمسي، يمكن استخدام الجسيمات النانوية لتحلية المياه. يؤدي استخدام الجسيمات النانوية في النظام الشمسي إلى معدلات تبخر وتكثيف أسرع وبتكلفة أقل.

وكمثال آخر؛ نظرًا لأن محركات السيارات والمحركات الضخمة تولد الكثير من الحرارة، فقد تتعرض الآلة للضرر إذا لم تتم إزالة هذه الحرارة غير المرغوب فيها بسرعة. وكما ان رقائق المعدات الإلكترونية تولد حرارة زائدة يجب تشتيتها بسرعة كما يعد تبريد المحولات أمرًا بالغ الأهمية في قطاع توليد الطاقة. تقليديا، يمكن استخدام بعض المبردات الشائعة في أنظمة التبريد وفي الوقت الحاضر، يمكن استخدام السوائل النانوية لبناء أنظمة تبريد أكثر إحكاما وفعالية حيث يعمل المبرد النانوي على تحسين

الخواص الفيزيائية الحرارية وبالتالي يعزز تأثير التبريد. فعلىٰ سبيل المثال يمكن استخدام السائل النانوي كمبرد للمفاعل الرئيسي لمفاعلات الماء المضغوط وأنظمة التبريد الأساسية في حالات الطوارئ في الأنظمة النووية. كما يمكن استخدام المواد غير السائلة في أنظمة التبريد، فمثلاً تعمل مادة التشحيم النانوية علىٰ تحسين الخصائص مما يؤدي إلىٰ تحسين أداء الضاغط.

ويعمل الباحثون على امكانية تقليل حجم المحول ووزنه عن طريق تحسين أنظمة التبريد ويمكن أن تكون السوائل النانوية بديلاً فعالاً لتعزيز خصائص زيت المحولات العادي. وعلى سبيل المثال، يمكن استخدام سائل أكسيد الألومنيوم النانوي، لإزالة الحرارة الزائدة في مبرد ماء سترة مولد كهربائي يعمل بالديزل .كما يتم استخدام الثرموسيفون حاليًا لتبريد معالجات الكمبيوتر والأجزاء الداخلية الأخرى. وبما ان الخصائص الفيزيائية الحرارية للسوائل النانوية المعتمدة علىٰ زيت المحولات أفضل بكثير من زيت المحولات العادي، مما يجعلها واعده.

الجسيمات النانوية وتوليد المياه من الغلاف الجوي

ليس هناك شك في أن هناك وعيًا متزايدًا بأن ندرة المياه النظيفة أصبحت مشكلة خطيرة في جميع أنحاء العالم بسبب تزايد عدد السكان، وتغير المناخ العالمي، ونضوب إمدادات المياه المحلية. وسوف يستمر العالم في

مواجهة مشاكل خطيرة إلى أن يتم العثور على مصدر مستدام للمياه وإدارته بفعالية.

لقد درس العلماء ثلاث تقنيات أساسية لمعالجة ندرة المياه وهي: استخراج المياه الجوفية، وتحلية المياه، وتجميع الأمطار. وفي الآونة الأخيرة، أصبح حصاد المياه من الغلاف الجوي بديلاً جديداً لتوليد المياه العذبة. وعلى الرغم من أن تحلية مياه البحر هي المورد الأساسي الأكثر انتشاراً وفعالية؛ إلا أن تكلفتها مرتفعة وتلوث البيئة. ولذلك، فإن حصاد المياه من الغلاف الجوي هو مصدر مياه واعد، ومنخفض تكلفة الطاقة، ونظيف بيئيا، ومستدام. ومع ذلك، فإن كمية المياه المولدة لا تزال صغيرة. ولذلك، يجب أن تشمل البحوث الأساسية المكثفة الأساليب التجريبية والنمذجة والحسابية. ويستخدم حصاد الماء من الهواء بشكل رئيسي تقنيات مختلفة، بما في ذلك الشباك الشبكية لجمع الضباب، وأجهزة التبريد بالتكثيف، والمواد الماصة والمجففة.

الميزة الرئيسية هي أن عملية التكثيف يمكن أن تحدث في درجة حرارة الغرفة، ويمكن استبدال المواد المجففة بسهولة. وتقوم المادة المجففة بامتصاص بخار الماء من الهواء المحيط. وعادةً ما يتم وضع المادة المجففة في نظام مغلق حيث يتم استخلاصها باستخدام كمية كبيرة من الحرارة. ولذلك، يتم تكثيف الأبخرة المجمعة في شكل سائل. وتتيح هذه التقنية استخدام تقنيات حصاد مياه الهواء في الأماكن ذات الرطوبة النسبية المنخفضة. .

تُستخدم المواد المجففة في تجميع مياه الغلاف الجوي القائمة على الامتزاز لالتقاط بخار الماء من الغلاف الجوي .ومن الجدير بالذكر أن بعض هذه الطرق تحتاج إلى رطوبة عالية قد تصل إلى 100% لتعمل بكفاءة، مثل شبكات الضباب التي تستخدم عادة في الهضاب المرتفعة .علاوة على ذلك، فإن طريقة التبريد والتكثيف تستهلك كميات كبيرة من الطاقة .ومن الطرق الواعدة الأخرى استخدام بعض المواد التي تمتص بخار الماء، مثل الأملاح اللامائية، مثل كلوريد النحاس، وكبريتات النحاس، والمغنيسيوم. وتعتمد كفاءة نظام تجميع المياه في الغلاف الجوي على الخواص الفيزيائية والكيميائية للمادة الماصة والمسامية المضيفة.

في الآونة الأخيرة، قام بعض الباحثين بتضمين استخدام الجسيمات النانوية مع مواد ماصة حيث تم إعداد جسيمات أكسيد المنجنيز النانوية التي يبلغ قطرها حوالي 800 نانومتر. ويتمتع أكسيد المنجنيز MnO_2 قدرة كبيرة على امتصاص الماء في نطاق واسع من الرطوبة النسبية. كما تم الاشارة إلى ان هناك مادة أخرى مطورة لديها القدرة على امتصاص المياه من الغلاف الجو وهي نوع من المواد المسامية ومادة استرطابية يتم حقنها في المسام. كما يتم استخدام جسيمات بروميد الليثيوم $Li-Br$ النانوية التي يتراوح حجمها بين 500-900 نانومتر لتكوين سائل نانوي يتم حقنه في المادة المسامية المضيفة.

التقاط ثاني أكسيد الكربون بواسطة المواد النانوية

يعتبر ثاني أكسيد الكربون (CO_2) أحد الغازات الضارة الرئيسية المسببة لظاهرة الاحتباس الحراري. ويعتبر احتجاز ثاني أكسيد الكربون التحدي الأكبر الذي يواجه المؤسسات الدولية المهتمة بالحفاظ على البيئة. وفي الآونة الأخيرة، وجد أن المواد النانوية تؤثر بشكل كبير على امتصاص ثاني أكسيد الكربون بالمقارنة مع المواد الماصة التقليدية حيث تتمتع هذه الهياكل النانوية بقدرة أعلى على امتصاص ثاني أكسيد الكربون. ولذلك، فإنها قد تكون حلاً واعداً يمكنه المشاركة بفعالية في احتجاز ثاني أكسيد الكربون. ويمكن تعديل المواد الماصة عن طريق إضافة مواد نانوية كربونية أو غير كربونية لزيادة خصائص احتجاز ثاني أكسيد الكربون. وتعد المساحة السطحية الواسعة للمواد النانوية هي العامل الرئيسي المطلوب لالتقاط ثاني أكسيد الكربون إلى جانب الطبيعة الحمضية لجزيء ثاني أكسيد الكربون. وتشمل المواد النانوية المسامية: الجسيمات النانوية المعدنية وأكاسيد المعادن، والأنابيب النانوية، والزيوليتات النانوية، والصفائح النانوية، والأطر العضوية المعدنية. وتتمتع جسيمات أكسيد النحاس النانوية بقدرة عالية على امتصاص ثاني أكسيد الكربون لأن جزيئات ثاني أكسيد الكربون هي متقبل للالكترون وهذه الجسيمات النانوية هي مانحة للإلكترون، مما يؤدي إلى التقاط ثاني أكسيد الكربون بشكل فعال. وتكتسب الأطر العضوية المعدنية شعبية بسبب بنيتها ثلاثية الأبعاد، وحجم مسامها الضخم، ومساحة سطحها الواسعة، وقدرتها القوية على جمع ثاني أكسيد الكربون. وتقوم الأطر العضوية المعدنية القائمة

على البورفيرين النحاسي بتطوير أدوات لأنها تشبه عملية التمثيل الضوئي وتوفر وسيلة لتقليل ثاني أكسيد الكربون والتقاط المحفزات الضوئية. كما أدت التحسينات الحديثة في المواد النانوية، مثل وضع جسيمات متناهية الصغر في مذيب أساسي كيميائيًا أو ميكانيكيًا، إلى إنتاج مواد ماصة نانوية سائلة ذات كفاءة عالية في التقاط ثاني أكسيد الكربون، وزيادة ثبات المذيبات، وانخفاض ضغط بخار المذيبات.

تخزين ثاني أكسيد الكربون في الخزانات الجيولوجية

أولت الأبحاث العلمية اهتمامًا كبيرًا للتخزين الجيولوجي لانبعاثات ثاني أكسيد الكربون البشرية المنشأ في طبقات المياه الجوفية العميقة. يتمثل هذا المفهوم الفريد في إضافة جسيمات نانوية إلى ثاني أكسيد الكربون المحقون لرفع فرق الكثافة بين المحلول الملحي الغني بثاني أكسيد الكربون والمحلول الملحي الأساسي، مما يقلل وقت بدء عدم الاستقرار ويزيد الخلط الحراري نتيجة لذلك. ويتراكم عمود ثاني أكسيد الكربون عالي الضغط الذي يتم حقنه في طبقة المياه الجوفية العميقة بشكل طفوي في الجزء العلوي من طبقة المياه الجوفية العميقة تحت صخرة مانعة للتسرب Caprock، ويشعر البعض بالقلق من أن ثاني أكسيد الكربون قد يؤدي إلى انفجار الغطاء الصخري.

وتعتبر الصخرة المانعة للتسرب أحد الخصائص التي تجعل الموقع مناسبًا لعزل وتخزين ثاني أكسيد الكربون على المدى الطويل. ومع ذلك، يتخلل ثاني أكسيد الكربون المحلول الملحي الموجود أسفل السطح، مما يؤدي إلى تكوين سائل أكثر سمكًا قد يسبب عدم الاستقرار والاختلاط الحراري. ونظرًا لأن كثافة ثاني أكسيد الكربون المحقون أقل من كثافة المحلول الملحي، فإن قوى الطفو ستتسبب في تحرك عمود ثاني أكسيد الكربون لأعلى (الشكل 1–8).

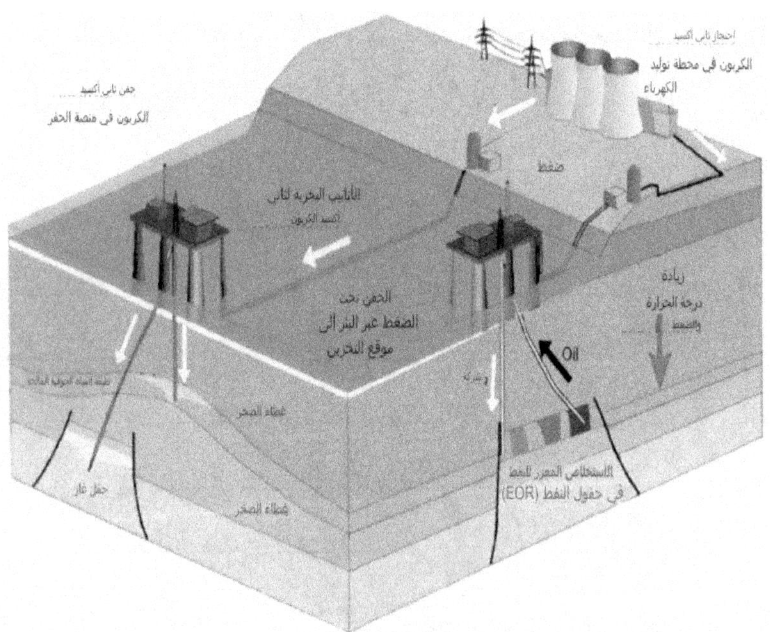

الشكل 1–8: تخزين ثاني أكسيد الكربون في الخزانات الجوفية الناضبة

السوائل النانوية في خزانات هيدروجين هيدريد المعدن

على الرغم من استخدامه منذ فترة طويلة في الصناعات الكيميائية والتكرير، إلا أن استخدام الهيدروجين كمصدر للطاقة لم يكتسب شعبية إلا مؤخرًا. إن تطوير تقنيات التخزين المبتكرة لتخزين الطاقة يتطلب استخدام الهيدروجين. وايضا استخدام الهيدروجين النقي في السيارات عديمة الانبعاثات. ويمكن نقل الهيدروجين وتخزينه في أسطوانات وأنابيب وخزانات مبردة كغاز مضغوط أو سائل مبرد. هناك ثلاث طرق مختلفة لتخزين الهيدروجين: كغاز عند ضغوط عالية، وكسائل عند درجات الحرارة المبردة، وعلى سطح أو داخل المواد الصلبة والسائلة. وفي الحالة الأخيرة، يمكن الاستفادة من تخزين الهيدريد من تفاعل المواد المحتوية على الهيدروجين مع قدرة عالية على امتصاص الهيدروجين. ويعتبر هيدريد المعدن بديلاً أكثر قابلية للانتقال وأمانًا من الأنواع الأخرى. حيث يتم ملء خزان التخزين الأسطواني الذي يضم مخزن هيدروجين الهيدريد المعدني بأنابيب تبريد ومرشحات مختلفة موضوعة بالتساوي. كما يتم ضخ السائل عبر أنابيب التبريد لإزالة حرارة التفاعل الناتجة أثناء عملية الامتصاص (انظر الشكل 1-9). وحدة تخزين الهيدروجين تتكون من: 1 - الخزان الأسطواني؛ 2 - مبادل حراري؛ 3 - سترة التدفئة/ التبريد؛ 4 - الحافة العلوية؛ 4.1 - منفذ مدخل/ مخرج؛ 4.2 - مرشح أنبوبي؛ 4.3 -

منافذ التدفئة/ التبريد؛ 4.4 – موصل لمستشعر الضغط؛ 4.5 – مسبار مزدوج حراري؛ 5– الشفة السفلية.

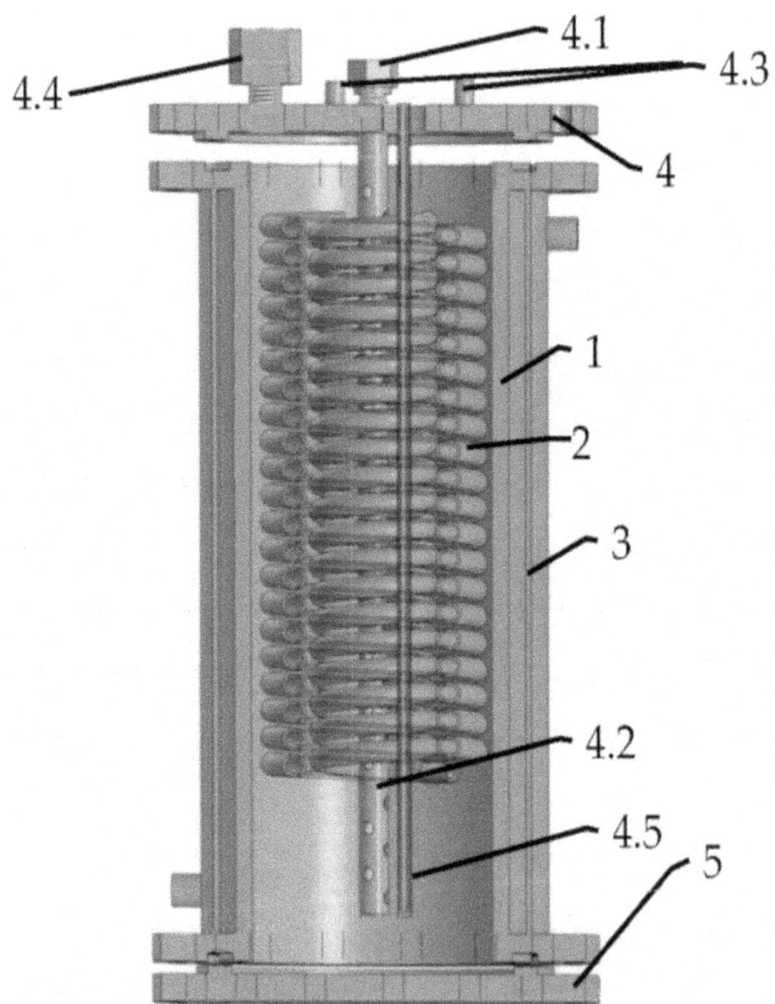

الشكل 1-9: رسم تخطيطي لتخزين هيدروجين هيدريد المعدن [Tarasov et al., Inorganics 2023, 11, 290]

يتم إنشاء الهيدريدات عندما يتفاعل الهيدروجين مع مجموعة متنوعة من المعادن الانتقالية والسبائك عند درجات حرارة عالية. وتؤثر درجة الحرارة أثناء امتصاص الهيدروجين بشكل كبير على كيفية عمل تخزين هيدروجين هيدريد المعدن. كما يتم استخدام الماء أو الزيت بشكل متكرر في تخزين هيدروجين هيدريد المعدن أثناء عملية الامتصاص أو الامتزاز لاستخراج الحرارة أو إمدادها. ويمكن استخدام السائل النانوي بدلاً من سائل انتقال الحرارة التقليدي لأنه يتمتع بخصائص أفضل لانتقال الحرارة. هذه بعض الأمثلة للسوائل النانوية: water /Al2O3 وCuO/water و MgO/water nanofluids والتي تؤدي لزيادة ضغط إمداد الهيدروجين ويؤدى انخفاض درجة حرارة السوائل النانوية إلى زيادة معدل انتقال الحرارة. ويعمل السائل النانوي CuO / H_2O على تحسين وقت امتصاص الهيدروجين مع زيادة معدل انتقال الحرارة لتخزين هيدروجين هيدريد المعدن ولذلك، فإن استخدام السائل النانوي كسائل تبريد لانتقال الحرارة لتخزين هيدروجين هيدريد المعدن هو أمر مناسب.

السوائل الممغنطة

يتم تعريف السائل الممغنط على أنه معلقمن الجزيئات المغناطيسية في سائل حامل، مع مغنطة عالية التشبع. ويمكن اعتبار الموائع الممغنطة غروانيات مستقرة، حيث يصل متوسط قطر الجسيمات إلى 100 نانومتر. أو بعبارة أخرى، السائل الممغنط هو جسيمات نانوية حديدية مغنطيسية

موجودة في سائل حامل. ومن الجدير بالذكر أن وكالة ناسا أول من صنع السوائل الممغنطة لإدارة الوقود الدفعي السائل عن طريق توليد وقود الصواريخ السائل الذي يمكن أن ينجذب نحو مضخة الوقود في حالة انعدام الجاذبية في الفضاء. وتُستخدم السوائل الممغنطة بشكل شائع في التطبيقات الكهربائية والميكانيكية والكيميائية والنووية والطبية الحيوية والبيئية. وعلىٰ سبيل المثال، يمكن استخدام السوائل الممغنطة في مضخات الختم المحكم للقضاء علىٰ التسرب علىٰ طول الأعمدة والمفاصل الدوارة. كما أنها تستخدم في معالجة أشباه الموصلات والغرف التي يتم التحكم فيها بيئيًا.

كما يمكن استخدام السوائل الممغنطة أيضًا في السطح الملوث لأنها يمكن أن تخفف من تأثيرات عدم التجانس وتساعد على استهداف وتوصيل المواد المتفاعلة والسوائل الأخرى إلى المناطق الملوثة. علاوة على ذلك، يمكن استخدام أدوات تتبع السوائل الممغنطة لتتبع حركة السائل وموقعه في باطن السطح ولاختبار سلامة الحواجز تحت السطح ككشف عن الثقوب. وايضا يمكن ان تستخدام السوائل الممغنطة مع سوائل حاجز التبلور كتتبعات في الصخورالمشققة لتحديد القنوات التفضيلية وعالية النفاذية التي يكون احتمال انتقال التلوث فيها أكبر. تظهر في الشكل 1-10 أنماط مختلفة من الموائع الممغنطة النموذجية.

الشكل 1-10: أنماط مختلفة من السوائل الممغنطة. (https://www.istockphoto.com)

الجسيمات النانوية المغناطيسية (Ferrofluids) هي نوع من الجسيمات التي يمكن معالجتها باستخدام المجالات المغناطيسية الخارجية حيث يتم توجيه السريان نحو موضع المغناطيسات الكهربائية ويعتبر نوعًا جديدًا من السوائل الذكية التي ظهرت مؤخراً. ونظرًا لأن السوائل الممغنطة تتصرف مثل السائل في حالة عدم وجود مغناطيس، ومثل المادة الصلبة عندما يكون هناك مغناطيس قريب، فيمكن استخدام هذه الخاصية المزدوجة في استخلاص الزيت لتحريك السوائل الممغنطة عبر الاوساط المسامية.

عادةً، يتكون أي سائل ممغنط من ثلاثة مكونات رئيسية (الشكل 11-1)، وهي الجسيمات النانوية المغناطيسية، ووسط التشتت (السائل الحامل)، والمشتت (العامل النشط السطحي). ويحتوي السائل الممغنط تقريبًا على 5٪ جسيمات نانوية و85٪ سائل حامل و10٪ عامل سطحي نشط.

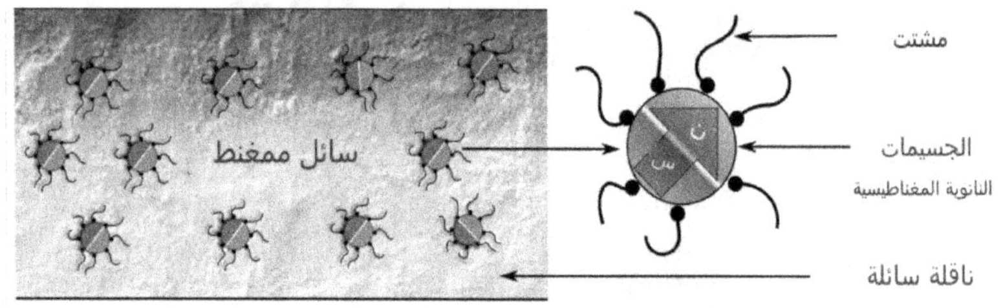

الشكل 11-1: رسم تخطيطي لمكونات السوائل الممغنطة

تسبب الحركة العشوائية (Brownian Motion) إثارة حرارية تحافظ على جزيئات السوائل الممغنطة معلقة. ويتم تغليف الجزيئات بمادة مشتتة، لذلك فهي تحافظ على الجزيئات بعيدة عن بعضها البعض لمنع التكتل. ومن المهم

أيضًا الحفاظ على استقرار تعليق السوائل الممغنطة، خاصة تحت تأثير المجال المغناطيسي الخارجي. ويعني الاستقرار أن تركيز الجزيئات المغناطيسية لا يتغير محليا. ويتم تحديد التشتت الأحادي المستقر لتعليقات الجسيمات في السوائل الممغنطة من خلال المجموع الجبري لطاقة فان دير فالس الجذابة، والطاقة الجذابة المغناطيسية، وطاقة التنافر الاستاتيكية. ولذلك، عند تطبيق مجال مغناطيسي على السوائل الممغنطة، فإنها تتصرف مثل السوائل المتجانسة أحادية الطور. بمعنى آخر، يتفاعل السائل كنظام متجانس تحت تأثير مجال مغناطيسي.

يمكن معالجة السائل الممغنط (معلق جسيمات الماء النانوية) كخليط قابل للامتزاج بينما يكون غير قابل للامتزاج مع الطور الزيتي. ويتم الحصول على مغنطة السوائل الممغنطة وكثافتها ولزوجتها باستخدام علاقات خليط غير قابلة للامتزاج بما في ذلك شروط الضغط الإضافية مع ضغط الطور الممغنط.

تتميز السوائل الحديدية النموذجية بالخصائص التالية:

- ☞ اللزوجة منخفضة مما يسهل عملية الحقن في باطن الأرض.

- ☞ حجمها النانوي يقلل من مشاكل الترشيح المحتملة.

- ☞ غير شفافة للضوء المرئي لأنها تحتوي على 1023 جسيم في المتر المكعب.

- ☞ تتمتع بمغنطة عالية التشبع (تتراوح من 80 إلى 80.000 أمبير/م).

- ☞ لا يوجد بها تباطؤ لأنها مواد مغناطيسية ناعمة للغاية.

☜ تحتوي بعض الموائع الجديدية على مجموعات ماصة قطبية مثل الكربوكسيل والفوسفات والسلفوساكسينات.

استقرار معلقات الجسيمات النانوية

يتم تعريف استقرار تعليق الجسيمات النانوية على أنه الاحتفاظ بسمة محددة للبنية النانوية، مثل التجميع والتركيب وكيمياء السطح، وما إلى ذلك. ويعتبر استقرار الجسيمات النانوية عاملاً بالغ الأهمية يجب تقييمه جيدًا قبل حقنه في الخزان. كما يمكن استخدام البوليمرات أو المواد الخافضة للتوتر السطحي كمشتتات للحفاظ على استقرار تعليق الجسيمات النانوية. أنظر التثبيت الاستاتيكي للجسيمات النانوية في الشكل 1-12. كما أن طلاء الجسيمات النانوية بالبوليمرات هو أسلوب يستخدم بشكل متكرر لتحسين استقرار الجسيمات النانوية. وبعبارة أخرى، يتم استخدام المواد الخافضة للتوتر السطحي والبوليمرات لإنشاء قوى تنافر مؤثرة بين الجسيمات النانوية لإبقائها معلقة. علمًا بان البوليمرات هي مواد طبيعية أو من صنع الإنسان تتكون من جزيئات كبيرة جدًا تسمى الجزيئات الكبيرة وهي عبارة عن مضاعفات وحدات كيميائية أصغر تسمى المونومرات. وفي حين أن المادة الخافضة للتوتر السطحي، والمعروفة أيضًا باسم العامل النشط السطحي، هي مادة كيميائية مثل المنظف الذي يقلل من التوتر السطحي، مما يحسن خصائص انتشاره وترطيبه.

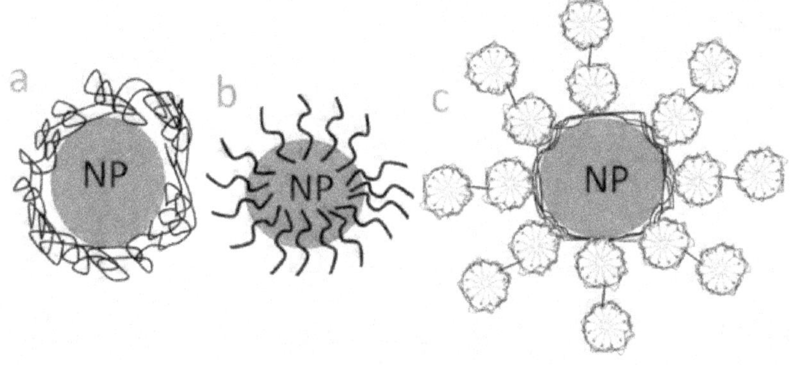

شكل 1-12: تثبيت الجسيمات النانوية باستخدام (a) البوليمر، (b) الفاعل بالسطح، (c) البوليمر متبوعًا بخليط الخافض للتوتر السطحي-البوليمر

الجسيمات النانوية وNAPL

NAPL، وDNAPL، وLNAPL هي مصطلحات تستخدم بشكل متكرر من قبل مهندسي البيئة لتحديد الملوثات في المياه الجوفية والمياه السطحية والرواسب. ويشير المصلح NAPL إلى "سائل الطور غير المائي" مثل المكونات الهيدروكربونية. وتعتبر مواد الـ NAPL كارهة للماء، مما يعني أنها لا تذوب في الماء وبالتالي تسري بشكل مستقل عن المياه الجوفية. أما المصلح DNAPL والذي يعني Dense NAPL، هوNAPL أكثر كثافة من الماء، مثل ثلاثي كلورو إيثيلين. ومن ناحية أخرى، يشير LNAPL إلى NAPL الخفيف الذي هو أخف من الماء، مثل البنزين. وتعد معالجة المياه الجوفية بالـ NAPLs (بما في ذلك DNAPLs و LNAPLs)أمرًا صعبًا بسبب عدم التجانس تحت السطح وهندسة NAPL المعقدة. وتعد المضخة

والمعالجة، والأكسدة في الموقع، والحواجز التفاعلية النفاذة، والمعالجة الحرارية، والتوهين الطبيعي المعزز بيولوجيًا، بعضًا من الطرق المتاحة حاليًا والتي لا تتيح المعالجة الفعالة لمنطقة مصدر NAPL في بعض الظروف. وقد تؤدي بعض أنواع الجسيمات النانوية مثل الحديد النانوي، والحديد الثنائي المعدن القائم على الحديد، والحديد النانوي المستحلب صفر التكافؤ nZVI إلى تحلل المذيبات المكلورة تحت السطح مثل ثلاثي كلور الإيثيلين ((TCE بشكل فعال. كما تعد تقنية nZVI الآن الطريقة الأكثر استخدامًا لمعالجة طبقات المياه الجوفية في الموقع من مجموعة متنوعة من الملوثات السامة.

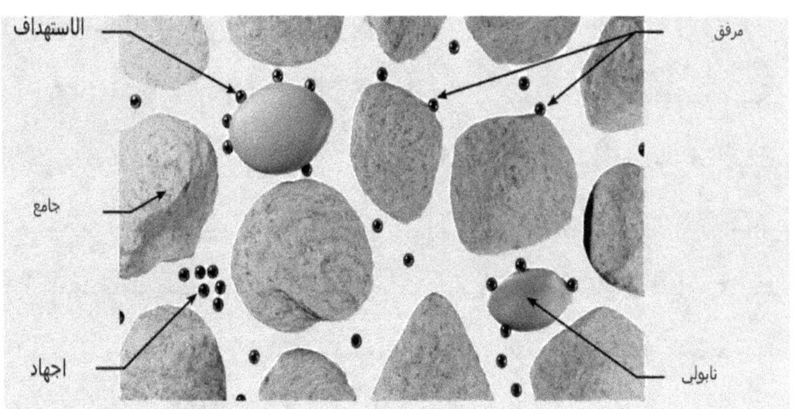

الشكل 1-13: نموذج للجسيمات النانوية التي تستهداف NAPL

يمكن للجسيمات النانوية التي تتحرك في الاوساط المسامية المشبعة بـ DNAPL أن تصطدم بحبيبات التربة وتتصل بها، وتتجمع، وتسبب انسداد المسام، والإجهاد، أو تتصادم مع NAPL المحبوس وتلتصق به، كما هو موضح في الشكل 1-13.

انتقال البوليمر تحت المجال المغناطيسي

يعتبر غمر البوليمر تقنية فعالة للاستخلاص المعزز للنفط(EOR) حيث يتم تعديل الخواص الفيزيائية للسوائل والصخور عند حقن البوليمر في خزان النفط. كما يحد حقن البوليمر من حركة المياه، مما يحسن تأثير الكنس الحجمي والإزاحة المحلية للفيضانات المائية.

تساهم كل من الجسيمات الصلبة السائلة والممغنطة في خصائص محلول البوليمر، ويتم وضع الافتراضات التالية:

- متساوي الحرارة.
- متوسط البوليمر أصغر من متوسط حجم المسام.
- يتم تحديد لزوجة محلول البوليمر من خلال تركيز البوليمر ومعامل الملوحة.
- خليط الماء والبوليمر مثالي: أي خليط متجانس من مواد ذات صفات فيزيائية ترتبط خطياً بصفات المكونات النقية.
- الوسط خالي من جزيئات البوليمر ويتم إنشاء المجال المغناطيسي بواسطة مغناطيس دائم.
- يتم استخدام التفريق من الدرجة الأولى لاتجاهات الإحداثيات لحساب تدرج شدة المجال المغناطيسي.

الفصل الثاني
المفاهيم الأساسية

يقدم هذا الفصل المفاهيم الأساسية المتعلقة بالنمذجة الرياضية لانتقال الجسيمات النانوية في الاوساط المسامية والتي سيتم استخدامها في هذا الكتاب. في هذا الفصل سوف يتم تقديم نظرية الاستمرارية لسريان السوائل، يليها السريان في الاوساط المسامية. ثم يتم عرض الخصائص الفيزيائية للصخور والسوائل. وتمت أيضا مناقشة النمذجة الرياضية للسريان أحادي الطور وثنائي الطور في الاوساط المسامية وأخيرا، تم ذكر نمذجة الجسيمات النانوية في الاوساط المسامية يليها النماذج الحرارية لموائع النانو.

الكلمات الرئيسية:

المصطلح باللغة الانجليزية	المصطلح باللغة العربية
Nanoparticles	الجسيمات النانوية
Continuity Theory	نظرية الاستمرارية
Fluid Flow	سريان السوائل
Porous Media	وسائل الإعلام المسامية
Porosity	المسامية
Permeability	نفاذية
Capillary Pressure	الضغط الشعري
Relative Permeability	نفاذية نسبية
Darcy رَحِمَهَاﷲُ s Law	قانون دارسي
Single-phase Flow	السريان أحادي الطور
Two-phase Flow	السريان ثنائي الطور
Dispersion	تشتت
Filtration Mechanisms	آليات الترشيح

نظرية الاستمرارية وسريان الموائع

ميكانيكا الاستمرارية هي طريقة لتحليل السلوك المادي دون النظر إلى أصله الدقيق. لذلك، يهتم الباحثون في ميكانيكا الاستمرارية بالسلوك المتوسط للأعداد الكبيرة من الجسيمات (الذرات)، وليس بحركاتها الفردية. يُستخدم منهج الاستمرارية لدراسة مجموعة واسعة من الظواهر، بما في ذلك سريان الموائع، مثل سريان الهواء والماء، والسريان في الاوساط المسامية مثل انتقال الهيدروكربونات في الخزانات الجوفية. وتعتبر ميكانيكا الموائع هي فرع من ميكانيكا الاستمرارية التي تدرس سلوك الموائع السوائل والغازات. ويعد افتراض الاستمرارية مفيدًا لأنه يزيل الانقطاعات الجزيئية عن طريق حساب متوسط الكميات المجهرية عبر حجم أصغر محدود. وفي ميكانيكا الموائع، تعتبر جميع الخصائص، بما في ذلك الكثافة والسرعة والضغط ودرجة الحرارة وما إلى ذلك، تتغير بشكل مستمر من نقطة إلى أخرى داخل السريان. وديناميكا الموائع بدورها هي فرع من ميكانيكا الموائع التي تهتم بتأثير القوى على حركة الموائع وهي موضوع بحث متطور، غالبًا ما يكون رياضيًا أو تجريبياً. هناك العديد من المسائل لم يتم حلها كليًا أو جزئيًا، وتعد الطرق العددية، التي نحل باستخدام أجهزة الكمبيوتر عمومًا، هي الطريقة الأكثر فعالية لحلها. وبالنسبة للسريان في الاوساط المسامية، تكون عملية المتوسط أكثر تعقيدًا حيث يجب أن يكون متوسط الحجم كبيرًا بما يكفي لضمان أن تكون الخصائص المتوسطة مستقلة عن الحجم الأولي التمثيلي REV. ومع ذلك، يجب أن يكون أصغر بكثير من حجم النطاق الكامل. وفيما يتعلق

بالمقاييس، فإن المقياس الجزيئي (10^{-10} م) هو المقياس الذي يتم فيه وصف حركات الجزيئات الفردية وتفاعلاتها في حين أن المقياس المحدد من متوسط المقياس الجزيئي هو مقياس مجهري ($10^{-2} - 10^{-6}$ م) وتبدو المادة مستمرة على هذا المقياس، ويبدو أن الحركة الجزيئية غير ملحوظة. ويسمى المقياس الناتج عن حساب متوسط خصائص المقياس المجهري داخل حجم أولي للعينة مقياس الماكرو ($10^{-1} - 10^{-3}$ م). وأخيراً النطاق الميداني ($10^4 - 10^1$ م) يمثل حجم الاهتمام بالخزانات الجوفية النموذجية. ويؤدي الانتقال من المقياس المجهري إلى المقياس الكبير إلى معادلة أساسية أخرى تسمى قانون دارسي تتضمن معلمات مختلفة مثل التشبع والنفاذية. وبالتالي يمكن استخدام المعادلات التفاضلية لوصف قوانين الحفظ من خلال تطبيق فرضية الاستمرارية لانتقال الظواهر في الاوساط المسامية.

السريان في الاوساط المسامية

يمكن تصنيف الاوساط المسامية (Porous media) إلى ثلاثة أنواع رئيسية: صناعية (artificial)، بيولوجية (biological)، وجيولوجية (geological) وتعد الاوساط الصناعية، مثل الترتيبات المنظمة للكرات، الألياف، أو الأسطوانات، هي هياكل تركيبية (synthetic structures) لا توجد بشكل طبيعي. على الرغم من بساطتها، فقد حظيت هذه الهياكل الصناعية باهتمام واسع في البحث، حيث ساعدت العديد من الدراسات

التجريبية والنظرية والعددية بشكل كبير في نمذجة مقياس المسام (pore-scale modeling).

وتشمل الاوساط البيولوجية (Biological media) هياكل مثل العظام، الأنسجة، والأغشية، والتي تكون مملوءة بسوائل متنوعة. في بعض الحالات، تدعم تكوينات الاوساط البيولوجية إطارات العمل لنمذجة مقياس المسام، مثل شبكات الشعيرات الدموية(capillary networks) وشبكة المسامات والأنابيب التي تعتبر جزءًا لا يتجزأ من أنسجة النبات. كما تلقى الاوساط الجيولوجية(Geological media) اهتمامًا كبيرًا بسبب أهميتها العملية في مجالات مثل إدارة الموارد المائية وتنظيف التلوث ويركز هذا الكتاب على الاوساط المسامية الجيولوجية فقط. بينما يمكن تحديد هندسة الاوساط الصناعية والبيولوجية بشكل نسبيًا مباشر، تُشكل تعقيدات الاوساط المسامية الجيولوجية تحديات كبيرة. يُعد وصف المورفولوجيا المسامية الثلاثية الأبعاد للمواد الجيولوجية موضوعًا عميقًا ومعقدًا في مجال نمذجة مقياس المسام الحديث (modern pore-scale modeling).

ويعرف الوسط المسامي على انه عبارة عن مادة صلبة تحتوي على مسام (فراغات) يمكن أن يمر من خلالها مائع (غاز أو سائل) (كما هو موضح في الشكل 1-2 وغالبًا ما يُطلق على هيكل للمادة اسم مصفوفة التي تكون صلبة تقريبًا. وغالبًا ما يتميز الوسط المسامي بمساميته ونفاذيته.و

بالإضافة إلى ذلك، ينبغي النظر في الافتراضات التالية بشأن هندسة الوسط المسامي:

- المساحة الفارغة للوسط المسامي مترابطة للسماح بسريان المائع.

- تنص فرضيات الاستمرارية على أن أبعاد الفضاء الفارغ يجب أن تكون كبيرة مقارنة بمتوسط طول المسار الحر الذي يساوي أحد جزيئات السائل.

- تكون مساحة الفراغ صغيرة بما يكفي بحيث يتم التحكم في سريان المائع عن طريق قوى الالتصاق عند السطوح البينية للسوائل والصلبة وقوى التماسك في السطوح البينية للسوائل.

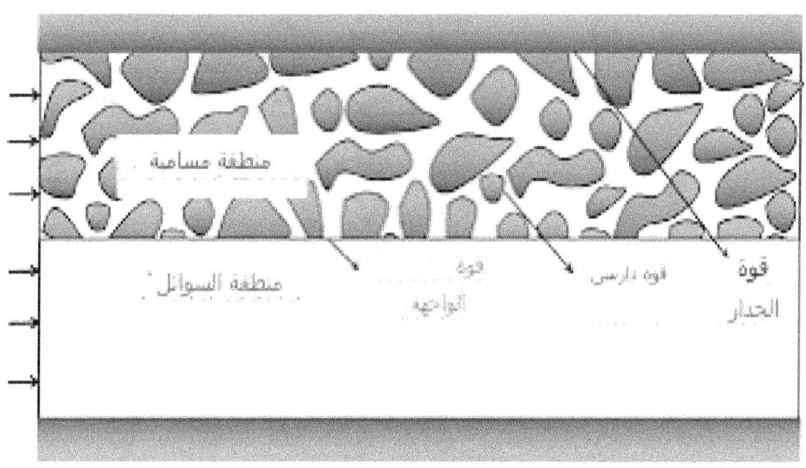

شكل 2-1: رسم تخطيطي للوسائط المسامية

هناك العديد من الأمثلة على الاوساط المسامية الطبيعية بما في ذلك الصخور والتربة (على سبيل المثال، في طبقات المياه الجوفية وخزانات النفط) والأنسجة البيولوجية (مثل العظام والخشب والفلين) بالإضافة إلى الاوساط المسامية التي يصنعها الإنسان مثل الأسمنت والسيراميك. وتُستخدم الاوساط المسامية في العديد من التخصصات مثل الترشيح وهندسة البترول والمعالجة الحيوية وهندسة البناء وعلوم الأرض وعلم الأحياء وعلوم المواد. وتعتبر خصائص الموائع مثل الكثافة واللزوجة، وخصائص الاوساط المسامية مثل المسامية والنفاذية ضرورية لوصف السريان في الأقسام الفرعية التالية.

تلعب الاوساط المسامية دورًا حيويًا في العديد من المجالات، حيث يتم استخدام خصائصها الفريدة بطرق مختلفة:

- **علوم التربة**: التربة كوسيط مسامي تعمل كمخزن وممر للماء والمغذيات اللازمة لنمو النباتات.

- **الهيدرولوجيا**: في هذا المجال، تعمل الاوساط المسامية كطبقات تحتفظ بالماء وتسد مساره، مما يلعب دورًا أساسيًا في توزيع وإدارة الموارد المائية.

- **الهندسة الكيميائية**: يتم استغلال الاوساط المسامية كفلاتر أو كأسِرّة للمحفزات لتعزيز التفاعلات الكيميائية.

- **هندسة البترول** :في مجال استكشاف النفط والغاز، تعد البنية المسامية لصخور الخزان أساسية لتخزين النفط الخام والغاز الطبيعي.

يبرز كل استخدام من هذه الاستخدامات تنوع وأهمية الاوساط المسامية كأدوات لا غنى عنها في مختلف التخصصات التكنولوجية والعلمية.

أحد أكثر مكامن النفط والغاز شيوعًا، والتي حددتها شركات النفط في جميع أنحاء العالم، هو الحجر الرملي، والذي يعتبر مثالاً على وسط مسامي عشوائي .يتميز الحجر الرملي بأحجام حبيبات مختلفة، وهو عبارة عن وسط مسامي ترسّب على مدى فترة جيولوجية طويلة عن طريق الدمج والضغط. ويتكون المسام في الحجر الرملي من حجرة المسام (الجزء الأوسع من المسام) وحلق المسام. ويتراوح حجم الحلق المسامي في الحجر الرملي من 0.5 إلى 5.0 ميكرومتر، في حين يتراوح حجم حجرات المسام من 5.0 إلى 50.0 ميكرومتر (لاحظ أن 1ميكرومتر= 10^{-6} × 1م).

خصائص الصخور المسامية

المسامية هي مقياس لحجم المسام في وسط مسامي .ويتم تعريفه من خلال النسبة بين حجم المسام والحجم الإجمالي، أي

$$\varphi = \frac{V_{\text{pores}}}{V_{\text{total}}}$$

في بعض الحالات، من الضروري التمييز بين المسامية والمسامية الفعالة، أي حجم المسام الذي يمكن الوصول إليه لسريان الموائع.

النفاذية

تُعتبر النفاذية (Permeability) في الوسط المسامي خاصية فيزيائية حاسمة تشير إلى مدى سهولة سريان الموائع (السوائل أو الغازات) خلال المساحات المسامية المترابطة في الوسط. وتعتمد هذه الخاصية على حجم المسامات وشكلها وتوزيعها، بالإضافة إلى مدى الترابط بين هذه المسامات. ومن يُقاس معدل النفاذية بمعدل سريان مائع ذي لزوجة وكثافة معروفتين عبر سمك محدد من الوسط المسامي تحت تدرج ضغط محدد.

ووحدة قياس النفاذية في النظام الدولي للوحدات (SI) هي المتر المربع m^2، ولكن غالبًا ما يتم التعبير عنها بوحدات الدارسي (D) أو الملي دارسيmD، وخاصة في مجال هندسة البترول. وتسمح المواد ذات النفاذية العالية للموائع بالمرور من خلالها بسهولة أكبر، مما يدل على وجود مسامات كبيرة ومترابطة جيدًا، بينما المواد ذات النفاذية المنخفضة لديها مسامات صغيرة أو ذات ترابط ضعيف تحد من سريان الموائع. وتختلف النفاذية عن المسامية ومع ذلك، الخاصيتان مترابطتان. يمكن لمادة أن تكون ذات مسامية عالية ولكن نفاذية منخفضة إذا لم تكن المسامات مترابطة جيدًا. في التطبيقات العملية، فهم النفاذية لوسط مسامي أمر ضروري لتصميم وتحسين العمليات مثل تنقية

المياه، استخراج الهيدروكربونات، وري التربة، وغيرها. كما أنها تُعد معاملًا أساسيًا في دراسة سريان المياه الجوفية، الهندسة البيئية، والهندسة الجيوتقنية.

المقاييس في الأوساط المسامية

إن الخاصية الحرجة في محاكاة سريان الاوساط المسامية (porous media flow) تكمن في أخذ مختلف مقاييس (scales) الأطوال بعين الاعتبار. يُظهر الشكل 2-2 مقطعًا عرضيًا لوسط مسامي يحتوي على أنواع مختلفة من الرمال على ثلاثة مقاييس طول.

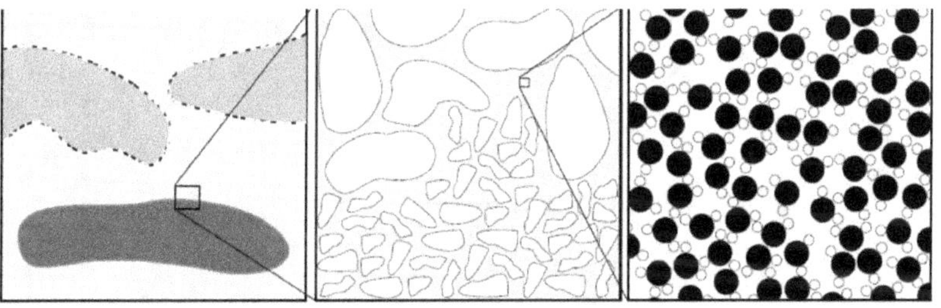

شكل 2-2: المقاييس المتنوعة للوسط مسامي (يسار): مقياس مجهري (وسط): مقياس مجهري (يمين): مقياس جزيئي

خصائص الموائع

الكثافة density

يمكن تعريف الكثافة بطريقتين مختلفتين، كثافة الكتلة والكثافة المولية. ويتم تعريف كثافة الكتلة m على أنها الكتلة لكل حجم V،

$$\rho = \frac{m}{V}$$

وتعتمد كثافة المادة النقية على الضغط ودرجة الحرارة وعادة ما تزداد بزيادة الضغط وانخفاض درجة الحرارة. وفي حالة المخاليط، تعتمد الكثافة أيضًا على التركيب. على سبيل المثال، كثافة الماء في التكوينات الجيولوجية العميقة التي تحتوي على تركيزات عالية من الأملاح أعلى بكثير من كثافة الماء النقي.

عادة ما يكون للمواد المختلفة كثافات مختلفة، وترتبط الكثافة مباشرة بالطفو الذي يرتبط بدرجة الحرارة وتركيزات المركبات المختلفة.

اللزوجة

اللزوجة الديناميكية هي عامل التناسب للعلاقة بين توتر القص في السائل، τ وتدرج السرعة $\dfrac{\partial u_x}{\partial y}$

$$\mu = \frac{\tau}{\partial u_x / \partial y}$$

تزداد لزوجة السائل عادة مع زيادة الضغط وانخفاض درجة الحرارة. وفي السائل الغازي، تزداد اللزوجة مع الضغط، ولكنها تقل مع انخفاض درجة الحرارة. أما بالنسبة للكثافة فلا بد من مراعاة تأثير الضغط ودرجة الحرارة على اللزوجة، وكذلك اعتمادها على التركيب في المخاليط في بعض الحالات. وفي ظروف معينة، قد يكون من الضروري استخدام اللزوجة الحركية والتي تعرف كالتالي:

$$v = \frac{\mu}{\rho}$$

التشبع

في حالة وجود عدة أطوار (أكثر من مائع) في وسط مسامي، فمن الضروري اعتبار جزء المسام المملوءة بالموائع V_{pores}. ويتم الحصول على ذلك من خلال التشبع الذي يتم تعريفه على أنه النسبة بين حجم المسام المملوءة بالطور V_α حجم المسام الإجمالي V_{pores}، أي:

$$S_\alpha = \frac{V_\alpha}{V_{\text{pores}}}$$

ومن هذا التعريف، من الواضح أن مجموع تشبع الاطوار يجب أن يصل إلى الوحدة، أي:

$$\sum_\alpha S_\alpha = 1$$

الضغط الشعري

يُعرف فرق الضغط على السطح البيني المنحني بين مائعين غير قابلين للامتزاج في أنبوب شعري صغير بالضغط الشعري (الشكل 2-3).

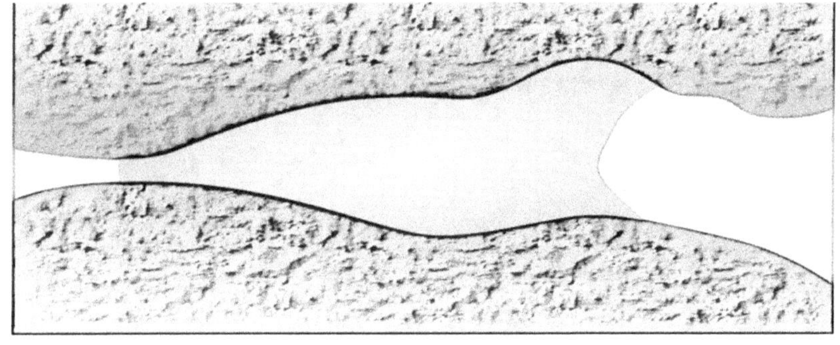

الشكل 2-3: رسم تخطيطي للضغط الشعري في الاوساط المسامية.

ولذلك فإن الضغط الشعري P_c يأخذ الشكل،

$$P_c = P_{nw} - P_w$$

حيث ان P_{nw} هو ضغط المائع الغير مبلل وضغط المائع P_w القابل للتبلل. وتحقق علاقة توازن القوة بين أطوار المائع في الأنبوب الشعري (أو المسام في حالة الاوساط المسامية) بالعلاقة:

$$P_c = \frac{2\sigma\cos\theta}{r}$$

حيث ان σ هو التوتر السطحي و θ هي زاوية الاتصال، وهو r نصف قطر المسام. ويعتمد الضغط الشعري على هندسة المسام، وخصائص السوائل، وتشبع الطور. ويمكن التعبير عنها بالعلاقة:

$$P_c = \gamma\sqrt{\phi/K}\, J(S)$$

حيث ان γ هو التوتر السطحي، و$J(S)$هي دالة ليفريت التي تعبر عن التشبع المعاير S.

$$S = \frac{S_w - S_{iw}}{1 - S_{nwr} - S_{iw}}, \; 0 \leq S \leq 1$$

حيث ان S_{iw} هو تشبع مرحلة الترطيب غير القابل للاختزال وهو S_{nwr} تشبع مرحلة عدم الترطيب المتبقية.

النفاذية النسبية

يتم توفير النفاذية النسبية لمرحلة الترطيب على النحو التالي

$$k_{rw} = k_{rw}^0 S^a$$

في حين أن النفاذية النسبية لمرحلة عدم التبول هي

$$k_{rn} = k_{rn}^0 (1 - S)^b$$

حيث ان

$$k_{rw}^0 = k_{rw}(S = 1)$$
$$k_{rn}^0 = k_{rn}(S = 0)$$

والتشبع المعاير هو

$$S = \frac{S_w - S_{iw}}{1 - S_{or} - S_{iw}} \quad 0 < S < 1$$

حيث ان S_{iw}هو التشبع المائي غير القابل للاختزال، وS_{or}هو التشبع بالزيت القابل للاختزال.

نمذجة السريان في الاوساط المسامية

معادلة الحفظ الشامل

لاشتقاق معادلة حفظ الكتلة، ضع في اعتبارك سريان الكتلة عبر الأسطح (السريان الداخلي والخارجي) للمكعب المستطيل، كما هو موضح في الشكل 2-4 سريان الكتلة عبر سطح واحد تساوي كتلة السريان عبر سطح آخر.

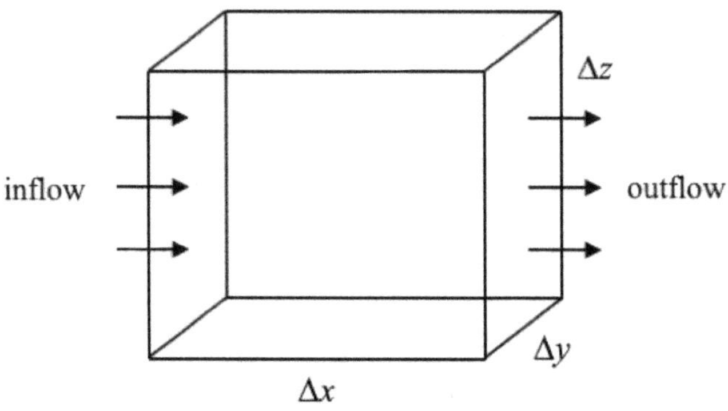

شكل 2-4: السريان الداخلي والخارجي الشامل عبر حجم تحكم مكعب مستطيل.

سريان الكتلة عبر سطح $x - \frac{\Delta x}{2}$ حجم التحكم بواسطة $(\rho u_x)_{x-\frac{\Delta x}{2},y,z}\Delta y\Delta z$ في حين أن سريان الكتلة عبر السطح $x + \frac{\Delta x}{2}$ يأخذ الشكل $(\rho u_x)_{x+\frac{\Delta x}{2},y,z}\Delta y\Delta z$ وبالمثل فإن سريان الكتلة عبر السطح $y - \frac{\Delta y}{2}$ هو $(\rho u_y)_{x,y-\frac{\Delta y}{2},z}\Delta x\Delta z$ و سريان الكتلة عبر السطح $y + \frac{\Delta y}{2}$ هو $(\rho u_y)_{x,y+\frac{\Delta y}{2},z}\Delta x\Delta z$.

أيضًا، يكون $(\rho u_z)_{x,y,z-\frac{\Delta z}{2}}\Delta x\Delta y$ هو السريان الشام في حين $z - \frac{\Delta z}{2}$ يكون $(\rho u_z)_{x,y,z+\frac{\Delta z}{2}}\Delta x\Delta y$ السريان الخارجي للكتلة عبر $z + \frac{\Delta z}{2}$ لذلك يمكن كتابة صافي السريان على حجم التحكم على النحو التالي:

$$\left[(\rho u_x)_{x-\frac{\Delta x}{2},y,z}\Delta y\Delta z - (\rho u_x)_{x+\frac{\Delta x}{2},y,z}\Delta y\Delta z\right] + \left[(\rho u_y)_{x,y-\frac{\Delta y}{2},z}\Delta x\Delta z - (\rho u_y)_{x,y+\frac{\Delta y}{2},z}\Delta x\Delta z\right]$$

$$+ \left[(\rho u_z)_{x,y,z}\frac{\Delta z}{2}\Delta x\Delta y - (\rho u_z)_{x,y,z+\frac{\Delta z}{2}}\Delta x\Delta y\right]$$

يتم التعبير عن $q\Delta x\Delta y\Delta z$ –الزيادة الصافية في الكتلة الناتجة عن المصدر بمقدار q وتراكم الكتلة لكل وحدة زمنية هو $\frac{\partial(\phi\rho)}{\partial t}\Delta x\Delta y\Delta z$ مجموع تراكم الكتلة لكل وحدة زمنية وصافي زيادة الكتلة حسب المصدر يساوي صافي السريان الداخل، وبالتالي:

$$\left(\frac{\partial(\phi\rho)}{\partial t} - q\right)\Delta x\Delta y\Delta z = \left[(\rho u_x)_{x-\frac{\Delta x}{2},y,z}\Delta y\Delta z - (\rho u_x)_{x+\frac{\Delta x}{2},y,z}\Delta y\Delta z\right] + \left[(\rho u_y)_{x,y-\frac{\Delta y}{2},z}\Delta x\Delta z - (\rho u_y)_{x,y+\frac{\Delta y}{2},z}\Delta x\Delta z\right] + \left[(\rho u_z)_{x,y,z}\frac{\Delta}{2}\Delta x\Delta y - (\rho u_z)_{x,y,z} + \frac{\Delta z}{2}\Delta x\Delta y\right]$$

وبقسمة المعادلة أعلاه على $\Delta x\Delta y\Delta z$ نحصل على:

$$\frac{\partial(\phi\rho)}{\partial t} = q + \left[(\rho u_x)_{x-\frac{\Delta x}{2},y,z} - (\rho u_x)_{x+\frac{\Delta x}{2},y,z}\right]\frac{1}{\Delta x}$$
$$+ \left[(\rho u_y)_{x,y-\frac{\Delta y}{2},z} - (\rho u_y)_{x,y+\frac{\Delta y}{2},z}\right]\frac{1}{\Delta y}$$
$$+ \left[(\rho u_z)_{x,y,z-\frac{\Delta z}{2}} - (\rho u_z)_{x,y,z+\frac{\Delta z}{2}}\right]\frac{1}{\Delta z}$$

وأخيرًا، نصل إلى معادلة حفظ الكتلة كما يلي:

$$\frac{\partial(\phi\rho)}{\partial t} + \nabla \cdot (\rho\mathbf{u}) = q$$

وتمثل المعادلة السابقة معادلة حفظ الكتلة (أو معادلة الاستمرارية) للسريان أحادي الطور والتي يمكن أن تمتد إلى سريان متعدد الأطوار حيث تأخذ معادلة حفظ الكتلة للطور α الشكل:

$$\frac{\partial(\phi \rho_\alpha)}{\partial t} + \nabla \cdot (\rho_\alpha \mathbf{u}_\alpha) = q_\alpha$$

هذه هي المعادلة الأساسية التي تمثل حفظ الكتلة.

قانون دارسي

تعتمد نظرية السريان الصفحي عبر الاوساط المسامية المتجانسة على تجربة كلاسيكية أجراها المهندس الهيدروليكي الفرنسي هنري دارسي عام 1856 وقدم القانون الذي يحمل اسمه، قانون دارسي. ويصف هذا القانون سريان ثلاثي الأبعاد يمكن كتابته في الصورة المتجهة العامة:

$$\nabla p = -\frac{\mu}{K} \mathbf{u}$$

حيث p الضغط وμ لزوجة المائع، K نفاذية الوسط، و$\mathbf{u} = (u_x, u_y, u_z)$ هو ناقل السرعة.

إذا كانت هناك قوة خارجية لكل وحدة حجم $F = (F_x, F_y, F_z)$ تؤثر على المائع، فيمكن إعادة كتابة قانون دارسي المعدل بالشكل التالي:

$$\nabla p = F - \frac{\mu}{K} \mathbf{u}$$

وتأثيرات الجاذبية ترتبط بقوى الضغط في القانون التالي:

$$\mathbf{u} = -\frac{\mathbf{K}}{\mu}(\nabla p - \rho g \nabla z)$$

حيث ان g هي ثابتة الجاذبية، z وهي الإحداثيات المكانية في الاتجاه الرأسي.

يعد نموذج السريان أحادي الطور هو أبسط طريقة لوصف إزاحة السوائل في الخزان. ويعطي هذا النموذج معادلة لتوزيع الضغط في الخزان ويستخدم لتبسيط دراسات السريان.

نموذج التشتت

يمكن حساب معامل الانتشار الجزيئي D_{diff} $[\text{m}^2 \cdot \text{s}^{-1}]$ باستخدام معادلة ستوكس حيث ان

$$D_{\text{diff}} = \tau \frac{k_B T}{3\pi \mu_w d}$$

حيث τ تمثل تعرج الجريان، وk_B هو ثابت بولتزمان، وT هى درجة الحرارة المطلقة. أما معامل التشتت الميكانيكي D_{disp} $[\text{m}^2 \cdot \text{s}^{-1}]$ هو دالة في سرعة دارسي، ويمكن التعبير عنه رياضيا على النحو التالي:

$$\phi D_{\text{disp}} = d_{l,w}|u_w|$$

حيث ان $d_{l,w}$ هو معامل التشتت الطولي. لذلك، فإن الانتشار الناتج عن المساهمات المختلفة يساوي:

$$D = D_{\text{diff}} + D_{\text{disp}}$$

والذي يظهر في ناقل السريان ويساوي مجموع المساهمات السريان والانتشار والتشتت:

$$j_x = -D\frac{\partial c}{\partial x} + vc$$

نظرية الترشيح

هناك ثلاثة أنواع من آليات الترشيح للجسيمات الصلبة أثناء الانتقال في الاوساط لمسامية (الهجرة الدقيقة في الاوساط المسامية)، أي الترشيح السطحي، والتصفية، والترشيح الفيزيائي الكيميائي. ويحدث الترشيح السطحي عندما يكون حجم الجسيمات النانوية أكبر من حبيبات الاوساط المسامية. وبناءً على ذلك، لن تتمكن الجسيمات النانوية من اختراق المسام وتكوين طبقة مرشحة على سطح الحبوب، مما قد يقلل بشكل حاد من نفاذية الوسط. ويحدث الترشيح بالإجهاد عندما تكون هناك مسام نانوية في حبيبات الاوساط التي تصبح فيها بعض الجسيمات النانوية عالقة عن طريق الضغط على مسام صغيرة في الوسط وبالتالي تقلل النفاذية. ومع ذلك، فإن الانخفاض في النفاذية الناجم عن الإجهاد محدود مقارنة بالانخفاض الناجم عن طبقة الترشيح. أما في الترشيح الفيزيائي والكيميائي، عندما يكون حجم الجسيمات النانوية أصغر من حبيبات الاوساط، فإن الجسيمات النانوية لن تسد أي مسام في الحلق؛ ومع ذلك، يمكن الاحتفاظ بالجسيمات النانوية عن طريق التفاعلات الفيزيائية والكيميائية بين الجسيم والوسط. ونظرًا لأن

معظم الجسيمات النانوية يمكن أن تتحرك عبر مسام الصخور الرسوبية دون إجهاد بسبب أقطارها الصغيرة مقارنة بأقطار المسام النموذجية، فيمكن أن يحدث الترشيح الفيزيائي الكيميائي. ويمكن أن يؤدي هذا الترشيح الفيزيائي الكيميائي إلى تجاذبات قوى فان دير فال بين الجسيمات النانوية وسطح الصخور. هناك نوعان من النماذج البديلة لانتقال الجسيمات النانوية. ويعتمد أحد النماذج على نظرية الترشيح الغروي ويعتمد الآخر على الامتزاز الكيميائي الناتج عن التغير في الإمكانات الكيميائية بين مرحلتي السائل والصلب. ويوضح الشكل 5-2 هذه الآليات الثلاث.

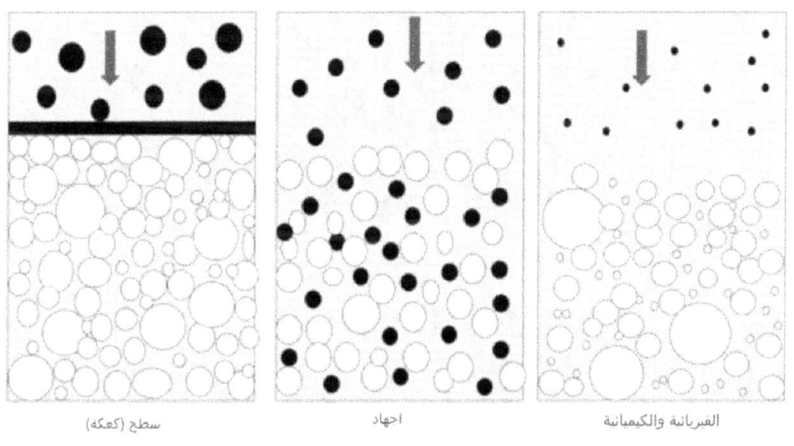

شكل 2-5: آليات هجرة الجسيمات في الاوساط المسامية.

انتقال الجسيمات النانوية في سريان أحادي الطور

تُستخدم نظرية الترشيح الغرواني بشكل شائع لتمثيل انتقال الجسيمات النانوية وارتباطها/انفصالها في الاوساط المسامية المشبعة بالماء. معادلة الانتشار/التشتت مع مصطلح الترشيح الغروي تأخذ الصيغة:

$$\frac{\partial C}{\partial t} + \frac{\rho_b}{\varphi}\frac{\partial C_s}{\partial t} + u\frac{\partial C}{\partial x} = D\frac{\partial^2 C}{\partial x^2}$$

حيث C هو تركيز الجسيمات النانوية $[M/L^3]$ في السائل الحامل، وC_s هو تركيز ترسيب الجسيمات النانوية، وD وهو معامل الانتشار /التشتت $[L^2/t]$ وρ_b هي الكثافة الظاهرية للوسط المسامي. ويمثل احتباس الجسيمات النانوية على النحو التالي:

$$\frac{\rho_b}{\varphi}\frac{\partial C_s}{\partial t} = k_{dep}C$$

حيث ان k_{dep} هو معامل معدل ترسيب الجسيمات (الارتباط). ويسلط نموذج الترشيح الغروي الضوء على أنه إذا كان تركيز الجسيمات النانوية أكبر من الصفر، فإن تركيز الاحتفاظ C_s سيستمر في الزيادة دون حد أعلى . وبالتالي، مع الحقن المستمر، لن يصل تركيز الجسيمات النانوية السائلة إلى تركيز الحقن. وبناء على ذلك، يشير نموذج الترشيح الغرواني إلى ترسب لا رجعة فيه للجسيمات النانوية المعلقة بسعة محدودة عند المستوى الذي لا يوجد فيه مجال لحدوث الترشيح. كما يمكن تضمين حد يعبر عن انفصال الجسيمات المترسبة على السطح، أي أن:

$$\frac{\rho_b}{\varphi}\frac{\partial C_s}{\partial t} = k_{dep}C - \frac{\rho_b}{\varphi}k_{det}C_s$$

حيث ان k_{det} هو معامل معدل إطلاق (انفصال) الجسيمات. وعلى عكس نظرية الترشيح الغرواني، في نظرية لانجمير، يكون الامتزاز قابلاً للعكس لتناسب تاريخ تركيز النفايات السائلة لانتقال الجسيمات النانوية عبر الأعمدة المشبعة بالماء. وبناءً على ذلك، تم تعديل النموذج عن طريق إضافة الحد الأقصى لقدرة الاحتفاظ إلى معادلة الترشيح الغرواني:

$$\frac{\rho_b}{\varphi}\frac{\partial C_s}{\partial t} = k_{dep}\,C\left(1 - \frac{C_s}{C_{s_{max}}}\right)$$

وقد تم تعميم معادلة الترشيح الغرواني كالتالي:

$$\frac{\rho_b}{\phi}\frac{\partial C_s}{\partial t} = k_{dep}\,C\left(1 - \frac{C_s}{C_{s_{max}}}\right) - \frac{\rho_b}{\phi}k_{det}C_s$$

الآن نقدم نموذجاً اخراً لانتقال الجسيمات النانوية مع تأثير التعلق والانفصال كما في الصيغة التالية:

$$\frac{\rho_b}{\varphi}\frac{\partial c_s}{\partial t} = k_{att}c - \frac{\rho_b}{\varphi}k_{det}c_s$$

حيث ان c_s هو تركيز الجسيمات النانوية الممتزة على سطح صلب و k_{att} هو معامل معدل التعلق و k_{det} هو معامل معدل الانفصال. وتصبح معادلة التأفق والانتشار في هذه الحالة:

$$\frac{\partial c}{\partial t} + v \frac{\partial c}{\partial x} = D \frac{\partial^2 c}{\partial x^2} - k_{att} c + \frac{\rho_b}{\varphi} k_{det} c_s$$

تغير النفاذية النسبية

يؤدي تغير موضع الجسيمات النانوية على جدران المسام إلى حدوث تغير في النفاذية النسبية. ونظرًا للاحتفاظ بالجسيمات النانوية في الاوساط المسامية، فقد يتم تعديل نفاذيتها النسبية. ويمكن استخدام المعادلة التجريبية التالية لحساب مساحة جسيمات النانو علي السطح:

$$a_{sp} = A\varphi \sqrt{\frac{\varphi}{K}}$$

حيث ان A هو ثابت. تبلغ المساحة السطحية الإجمالية للجسيمات النانوية الملامسة للسوائل لكل وحدة حجم كبيرة

$$a_{tot} = 6\beta\delta\varphi/d$$

حيث d قطر الجسيم $\varphi\delta$ هو التغير في المسامية β ثابت $a_{tot} \geq a_{sp}$ كان ذلك يعني أن السطح الإجمالي للوسط المسامي مشغول بالكامل بالجسيمات النانوية، بينما إذا كان أسطح $a_{tot} < a_{sp}$ الوسط المسامي مغطاة جزئيًا بالجسيمات النانوية. لذلك، يمكن التعبير عن النفاذية النسبية بالشكل التالي:

$$k_{ra,p} = k_{ra} + \frac{a_{tot}}{a_{sp}} \left(k_{ra,c} - k_{ra} \right)$$

حيث ان $k_{ra,c}$ هي النفاذية النسبية للطور α عندما يكون سطح الاوساط المسامية مغطى بالكامل بالجسيمات النانوية.

الموائع ثنائية الطور في الاوساط المسامية

تُشكل ظواهر سريان الموائع ثنائية الطور (two-phase fluid flow) وانتقالها داخل الاوساط المسامية(porous media) الأساس للعديد من التطبيقات الهندسية، وتتنوع من استخراج النفط إلى تنظيف المياه الجوفية الملوثة. تقدم التباينات الطبيعية للطبقات المسامية تحت سطح الأرض، بالإضافة إلى تعقيدات التفاعلات ضمن الأطوار المتعددة (multiphase interactions)، عقبات كبيرة أمام فهم القواعد الأساسية لهذه العمليات.

يُعرف الطور (phase) على أنه جزء كيميائيًا متجانسًا من النظام قيد الدراسة يفصل عن أجزاء أخرى بحدود فيزيائية واضحة. في حالة نظام طور واحد (single–phase system)، يملأ الفراغ في الوسط المسامي بسائل واحد (مثل الماء) أو بعدة سوائل قابلة للامتزاج الكامل مع بعضها البعض (مثل الماء العذب وماء الملح). أما في نظام الأطوار المتعددة (multiphase system)، يملأ الفراغ بسائلين أو أكثر غير قابلين للامتزاج مع بعضهم البعض، أي يحافظون على حدود متميزة بينهم (مثل الماء والزيت). قد يكون هناك طور غازي واحد فقط (gaseous phase) نظرًا لأن الغازات دائمًا ما تكون قابلة للامتزاج بشكل كامل. يمكن اعتبار الهيكل الصلب (solid matrix)للوسط المسامي أيضًا كطور يُطلق عليه الطور الصلب (solid phase).يُظهر الشكل 2-6 قطاعًا ثنائي الأبعاد لوسط مسامي مملوء بالماء

(نظام طور واحد، على اليسار) أو مملوء بالماء والزيت (نظام طورين، على اليمين).

كما يُمكن تعريف مكون (component) داخل طور على أنه كيان كيميائي متجانس واحد أو تجمع من الأنواع المرتبطة مثل الأيونات والجزيئات. يُحدد عدد المكونات اللازمة لوصف طور بواسطة الإطار النظري المستخدم، أي أنه يعتمد على الظواهر الفيزيائية التي يتم محاكاتها. على سبيل المثال، يمكن تمثيل مزيج الماء العذب وماء البحر المذكور سابقًا بنظام طور واحد ذي مكونين. ومع ذلك، في سياق هذه الدراسة بالتحديد، سيركز الاهتمام فقط على الأطوار، متجاهلًا المكونات الفردية.

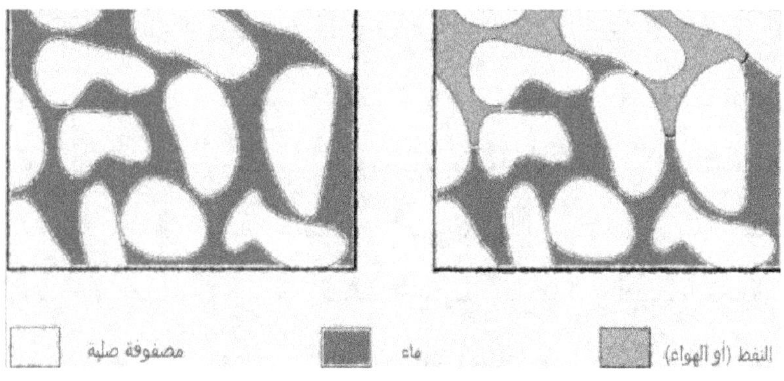

الشكل 2-6: رسم تخطيطي لوسط مسامي مملوء بسائل واحد أو سائلين.

الخواص الحرارية للسوائل النانوية

في انتقال الحرارة، يمكن إضافة الجسيمات النانوية إلى مائع حامل لتكوين أنواع معينة من الموائع النانوية التي لها تأثير كبير في تعزيز معدل انتقال

الحرارة. وبإضافة الجسيمات النانوية، يتم تغيير خصائص السائل النانوي الناتج، مثل الكثافة ρ_{nf} والتوصيل الحراري k_{nf} واللزوجة الديناميكية μ_{nf} والحرارة النوعية $(Cp)_{nf}$. حيث يشير الرمز nf إلى السوائل النانوية. ويوجد كمية هائلة من النماذج التجريبية التي تمثل الخواص الفيزيائية للسوائل النانوية ويوضح الجدول 2-1 بعض خصائص الموائع النانوية الشائعة.

الجدول 2-1: بعض الخواص الفيزيائية للسوائل النانوية مع انتقال الحرارة

المعادلة	الخاصية
$\rho_{nf} = \rho_f \left((1 - \varphi) + \varphi \left(\frac{\rho_s}{\rho_f} \right) \right)$	الكثافة
$\mu_{nf} = \frac{\mu_f}{(1-\varphi)^{2.5}}$	اللزوجة
$\left(\rho C_p \right)_{nf} = \left(\rho C_p \right)_f \left(1 - \varphi + \varphi \frac{(\rho C_p)_s}{(\rho C_p)_f} \right)$	السعة الحرارية
$\frac{k_{nf}}{k_f} = \frac{k_s + 2k_f - 2\varphi(k_f - k_s)}{k_s + 2k_f + \varphi(k_f - k_s)}$	التوصيل حراري
$\beta_{nf} = \beta_f \left((1 - \varphi) + \varphi \left(\frac{\beta_s}{\beta_f} \right) \right)$	المعامل الحراري للتمدد

حيث ان:

φ الجزء الحجمي للجسيمات النانوية الموجودة في السائل النانوي،

ρ_f	كثافة السائل الناقل،
ρ_s	كثافة الجسيمات النانوية،
μ_f	لزوجة السائل الناقل،
$(Cp)_f$	الحرارة النوعية للسائل الحامل،
$(Cp)_s$	الحرارة النوعية للجسيمات النانوية،
$(\rho C_p)_f$	السعة الحرارية للسائل الناقل،
$(\rho C_p)_s$	السعة الحرارية للجسيمات النانوية،
k_f	التوصيل الحراري للسائل الناقل،
k_s	التوصيل الحراري للجسيمات النانوية،
β_f	تمدد المعامل الحراري للسائل الحامل،
β_s	تمدد المعامل الحراري للجسيمات النانوية،

وفي حالة استخدام أكثر من نوع من الجسيمات النانوية مع سوائل حاملة واحدة فإن السوائل النانوية الناتجة تسمى السوائل النانوية الهجينة. والمادة الهجينة تجمع في نفس الوقت بين الخصائص الفيزيائية والكيميائية لمواد مختلفة ويقدم هذه الخصائص في شكل متجانس. كما يمكن العثور على ميزات فيزيائية وكيميائية مذهلة لا توجد في المكونات المنفصلة في المواد النانوية

الهجينة الاصطناعية. وتعمل السوائل النانوية الهجينة أيضًا على تحسين خصائص انتقال الحرارة وانخفاض الضغط من خلال إسناد نسبة عرض إلى ارتفاع جيدة وشبكة حرارية أفضل وتأثير تآزري للمواد النانوية. فعلى سبيل المثال، في حالة استخدام نوعين من الجسيمات النانوية ذات الكسور الحجمية φ_2 و φ_1، يتم سرد الخصائص الفيزيائية في الجدول 2-2 ويشير الرمزان s1 و s2 إلى الجسيمين النانويين الصلبين، على التوالي. بينما k_{n1f} تشير k_{n2f} إلى التوصيل الحراري للمائع النانوي الأول والثاني على التوالي.

جدول 2-2: بعض الخصائص الفيزيائية للسوائل النانوية الهجينة

المعادلة	الخاصية
$\rho_{hf} = \rho_f(1-\varphi_2)\left((1-\varphi_1)+\varphi_1\left(\frac{\rho_{s1}}{\rho_f}\right)\right)+\varphi_2\rho_{s2}$	الكثافة
$\mu_{hf} = \dfrac{\mu_f}{(1-\varphi_1)^{2.5}(1-\varphi_2)^{2.5}}$	اللزوجة
$(\rho C_p)_{hf} = (\rho C_p)_f(1-\varphi_2)(1-\varphi_1) + \varphi_1\dfrac{(\rho C_p)_{s1}}{(\rho C_p)_f} + \varphi_2(\rho C_p)_{s2}$	السعة الحرارية
$\dfrac{k_{n1f}}{k_f}$, $\dfrac{k_{hf}}{k_{n1f}} = \dfrac{k_{s2}+2k_{n1f}-2\varphi_2(k_{n1f}-k_{s2})}{k_{s2}+2k_{n1f}+\varphi_2(k_{n1f}-k_{s2})}$ $\dfrac{k_{s1}+2k_f-2\varphi_1(k_f-k_{s1})}{k_s+2k_f+\varphi_1(k_f-k_{s1})}$	التوصيل حراري
$\beta_{hf} = \beta_f(1-\varphi_2)\left((1-\varphi_1)+\varphi_1\left(\frac{\beta_{s1}}{\beta_f}\right)\right)+\varphi_2\rho_{s2}$	المعامل الحراري للتمدد

في الواقع، هناك عدد كبير من الصيغ المقدمة في دراسات مختلفة لوصف الخصائص الفيزيائية والكيميائية. ما قدمناه هنا في الجدولين السابقين هو مجرد أمثلة. وعلى سبيل المثال، السائل النانوي الهجين Cu–TiO2، الموجود في الماء كحامل، له الخصائص الفيزيائية الحرارية التالية (انظر الجدول 2-3).

جدول 2-3: الخواص الفيزيائية الحرارية للسوائل والجسيمات النانوية

الخصائص الفيزيائية	ماء	النحاس	TiO_2
C_p	4179	385	686.2
ρ	997.1	8933	4250
k	0.613	400	8.9538
β	21×10^{-5}	1.67×10^{-5}	0.9×10^{-5}

❋ ❋ ❋

الفصل الثالث
التحليل البعدي و الحلول التحليلية

يساعد الحل التحليلي في التحقق من صحة الطرق/الحلول العددية بالإضافة إلى فهم الآليات والتأثيرات الفيزيائية. في هذا الفصل سوف يتم تناول الحلول التحليلية لمشكلة السريان، والسريان المغناطيسي، وانتقال الجسيمات النانوية في الاوساط المسامية، وانتقال الجسيمات النانوية المغناطيسية في الاوساط المسامية. بما أن تحليل الأبعاد أمر حيوي في التعامل مع المسائل بغض النظر عن أبعادها الفعلية، وهو أمر مفيد في المشاكل واسعة النطاق مثل خزانات الهيدروكربون. لذلك، يقدم هذا الفصل أيضًا نموذجًا مبسطًا أحادي البعد لانتقال الجسيمات النانوية في الاوساط المسامية وشكلها غير الأبعاد المعمم والذي سيتم حله تحليليًا وعدديًا للحصول على رؤية فيزيائية ملائمة.

الكلمات الرئيسية:

المصطلح باللغة الانجليزية	المصطلح باللغة العربية
Dimensional Analysis	تحليل الأبعاد
Nanoparticles	الجسيمات النانوية
Analytical Solutions	الحلول التحليلية
Single-phase Flow	السريان أحادي الطور
Two-phase Flow	السريان ثنائي الطور

التحليل البعدي

يستخدم التحليل البعدي لتحويل المعادلة البعدية إلى صيغة غير بعدية.
ونتيجة لذلك، تتضمن المعادلات اللابعدية معاملات فيزيائية مهمة، مثل
رقم بوند ورقم دارسي وغيرها والتي يمكن من خلالها إجراء تجارب عددية
لمختلف قيم المعاملات الفيزيائية وحل المعادلات. علاوة على ذلك، فإن
الحسابات في النطاقات الابعدية تمتد على نطاق واسع من أطوال المجالات،
والتي تعتبر مثيرة للاهتمام بشكل خاص في حقول النفط.

انتقال الجسيمات النانوية في سريان أحادي الطور

بافتراض أن نوع الجسيمات النانوية ذو حجم فاصل واحد، يتم إعطاء معادلة
الانتقال بالشكل

$$\phi \frac{\partial c}{\partial t} + \frac{\partial}{\partial z}\left(uc - \phi D \frac{\partial c}{\partial z}\right) = \frac{\partial c_{s1}}{\partial t} + \frac{\partial c_{s2}}{\partial t}$$

c هو تركيز الجسيمات النانوية في الماء و c_{s1} هو تركيز الجسيمات النانوية
الملامسة لأسطح المسام، c_{s2} وهو تركيز الجسيمات النانوية المحبوسة في
حلق المسام بسبب الانسداد والجسر. ويتم التعبير عن تركيز الترسيب
السطحي بواسطة

$$\frac{\partial c_{s1}}{\partial t} = \begin{cases} \gamma_d |u| c, & u_w \leq u_c \\ \gamma_d |u| c - \gamma_e |u - u_c| c_{s1}, & and \ u_w > u_c \end{cases}$$

حيث $\gamma_d\,[\mathrm{m}^{-1}]$ هو معامل معدل الاحتفاظ بسطح الجسيمات النانوية، $\gamma_e\,[m^{-1}]$ هو معامل معدل احتجاز الجسيمات النانوية، $u_c\,[\mathrm{ms}^{-1}]$ هو السرعة الحرجة لمرحلة الماء. ومن ناحية أخرى، يتم تحديد معدل انحباس الجسيمات النانوية بواسطة

$$\frac{\partial c_{s2}}{\partial t} = \gamma_{pt}|u|c$$

حيث ان $\gamma_{pt}\,[\mathrm{m}^{-1}]$ هو ثابت انسداد مسام الحلق.

وبما أن حجم الجسيمات النانوية أصغر من الميكرون، فهي تتمتع بحركة عشوائية قوية تقاس بالتشتت $D\,[\mathrm{m}^2\,\mathrm{s}^{-1}]$ وهو مجموع الانتشار الجزيئي D_{diff} والتشتت الهيدروديناميكي D_{disp}، أي:

$$D = D_{\mathrm{diff}} + D_{\mathrm{disp}}$$

و يوصف معامل الانتشار الجزيئي بواسطة معادلة ستوكس– اينشتين:

$$D_{\mathrm{diff}} = \tau\,\frac{k_B T}{3\pi\mu d_\rho}$$

حيث τ معامل التعرج، k_B ثابت بولتزمان، $T[\mathrm{K}]$ درجة الحرارة المطلقة، d_ρ قطر الجسيم.

يتم التعبير عن سرعة التعليق بقانون دارسي وتتضمن تأثير الجاذبية، وهي

$$u = -\frac{K}{\mu}\left(\frac{\partial p}{\partial z} - \rho g\right)$$

حيث ان $[\mathrm{kg\,m^{-3}}]$ ρ كثافة المائع، $K[\mathrm{m^2}]$ نفاذية الوسط، $p(\mathrm{Pa})$ ضغط المائع، $g[\mathrm{m\,s^{-2}}]$ تسارع الجاذبية، $\mu[\mathrm{Pa\,s}]$ لزوجة المائع.

وتعتبر تركيزات الجسيمات النانوية الأولية أصفارًا، وبالتالي تصبح الشروط الابتدائية:

$$t = 0, 0 \leq z \leq H \text{ في } c = c_{s1} = c_{s2} = 0$$

حيث ان H هو عمق الصخور.

والشروط الحدية عند المدخل هي:

$$c = c_0, \ c_{s1} = c_{s2} = 0 \ \text{ at } t > 0, z = 0$$

حيث ان c_0 هو تركيز الحقن لتعليق الماء والجسيمات النانوية. وتعتبر شروط الحدية البعيدة بمثابة حدود عدم السريان،

$$\frac{dc}{dz} = \frac{dc_{s1}}{dz} = \frac{dc_{s2}}{dz} = 0 \ \text{ at } t > 0, \ z = H$$

النموذج أحادي الطور الغير بعدي

يمكن إعادة كتابة المعادلات الحاكمة أعلاه في صورة غير بعدية باستخدام مقاييس معينة. حيث يتم تعريف طول الصخور l_c، كمقياس للطول والسرعة الحرجة u_c كمقياس للسرعة. وعلينا إيجاد التحولات المناسبة

للفضاء الغير البعدي والزمن والسرعة والطول والضغط وتركيزات الجسيمات النانوية كما يلي:

$$Z = \frac{z}{l_c}, \; T = \frac{tu_c}{l_c\phi}, \; U = \frac{u}{u_c}, \; l_c = \frac{v}{u_c}, P = \frac{p}{p_d}, \; C = \frac{c}{c_0}, \; C_{s1} = \frac{c_{s1}}{c_{s,ref}}, \; C_{s2} = \frac{c_{s2}}{c_{s,ref}}$$

حيث ان $c_{s,ref}$ هو التركيز المرجعي و p_d هو الضغط المرجعي.

كما أن معادلة انتقال الجسيمات النانوية تأخذ الشكل الابعدى التالي:

$$\frac{\partial C}{\partial T} + \frac{\partial}{\partial Z}\left(UC - \left(\frac{1}{Sc} + \lambda_l|U|\right)\frac{\partial C}{\partial Z}\right) = R$$

حيث ان ($Sc = v_w/(\phi D_{\text{diff}})$ هو رقم شميدت

$\lambda_l = d_l/l_c$هو معامل التشتت الطولي اللابعدى

v_wهي اللزوجة الحركية للماء

أيضا، تصبح معادلة السرعة اللابعدية:

$$U = \frac{\mathbf{Da}}{\mathbf{Ca}}\left(\frac{dP}{dZ} - Bo\right)$$

يتم تعريف المعاملات الفيزيلئية اللايعدية كالتالي:

$Da = k/l^2_{c_0}$ هو عدد دارسي،

$Ca = \mu u_c/\gamma$ هو عدد الشعرية اللابعدى،

حيث $Bo = g l_c^2 \rho / \gamma$ هو عدد بوند.

معدل الامتصاص (الترشيح) الطبيعي الذي يعبر عن معدل الخسارة الصافي للجسيمات النانوية ياخذ الشكل:

$$R = \begin{cases} \kappa_1 |U| C, & |U| \leq 1 \\ \kappa_1 |U| C - \kappa_2 |U - 1| C_{s1}, & |U| > 1 \end{cases}$$

حيث ان $\kappa_1 = l_c(\gamma_d + \gamma_{pt})$ و $\kappa_2 = l_c \gamma_e C_{s,ref}$

يتم أيضًا تطبيع معادلات الارتباط والانفصال من خلال إعطاء إعطاء شكلها اللابعدى:

$$\frac{\partial C_{s1}}{\partial T} = \begin{cases} \kappa_3 |U| C, & u \leq 1 \\ \kappa_3 |U| C - \kappa_4 |U - 1| C_{s1}, & u > 1 \end{cases}$$

$$\frac{\partial C_{s2}}{\partial T} = \kappa_5 |U| C$$

حيث ان $\kappa_3 = \phi l_c \gamma_d c_0 / c_{s,ref}$، $\kappa_4 = \phi l_c \gamma_e$ و حيث ان $\kappa_5 = \phi l_c \gamma_{pt} c_0 / c_{s,ref}$

وأخيرا، تصبح الشروط الأولية اللابعدية:

$$C = C_{s1} = C_{s2} = 0 \ \text{ at } T = 0, 0 \leq Z \leq H$$

وتأخذ الشروط الحدية اللابعدى الشكل:

$$C = 1, \ C_{s1} = C_{s2} = 0 \ \text{ at } T > 0, Z = 0$$

$$\frac{dC}{dZ} = \frac{dC_{s1}}{dZ} = \frac{dC_{s2}}{dZ} = 0 \ \text{ at } T > 0, Z = H.$$

الحلول التحليلية

يمكن كتابة المعادلة التقليدية للتشتت–التدفق في الاوساط المسامية على النحو التالي:

$$\varphi \frac{\partial c}{\partial t} + v \frac{\partial c}{\partial x} = D \frac{\partial^2 c}{\partial x^2}$$

أبسط معادلة رياضية لانتقال الجسيمات النانوية في الاوساط المسامية مبنية على نظرية الترشيح. ترتبط هجرة الجسيمات بالترسيب، وهو ما يتم دمجه في معادلة التوازن عن طريق إدخال معدل الترسيب الكتلي في مصطلح التراكم الكتلي وبالتالي،

$$\frac{\partial c}{\partial t} + \frac{\rho_b}{\varphi} \frac{\partial c_s}{\partial t} + v \frac{\partial c}{\partial x} = D \frac{\partial^2 c}{\partial x^2}$$

$$\frac{\rho_b}{\varphi} \frac{\partial c_s}{\partial t} = k_{dep} c,$$

والتى يمكن إعادة كتابتها في النموذج:

$$\varphi \frac{\partial c}{\partial t} + v \frac{\partial c}{\partial x} = D \frac{\partial^2 c}{\partial x^2} - Rc$$

الشروط الأولية والحدية هي:

$$c(x, 0) = 0$$
$$c(0, t) = c_0$$
$$\frac{\partial c}{\partial x}(\infty, t) = 0$$

يمكن تطوير الحل التحليلي، الموضح في على النحو التالي:

$$c(x,t) = \frac{c_0}{2} \exp\left[\frac{(v-u)x}{2D}\right] \text{erfc}\left[\frac{\varphi x - ut}{2(D\varphi t)^{1/2}}\right]$$
$$+ \frac{c_0}{2} \exp\left[\frac{(v+u)x}{2D}\right] \text{erfc}\left[\frac{\varphi x + ut}{2(D\varphi t)^{1/2}}\right]$$

حيث ان

$$u = v\left(1 + \frac{4k_{dep}D}{|v|^2}\right)^{1/2}$$

يتم عرض هذا الحل التحليلي أدناه مع نتائج العينة (الشكل 3-1). وتم حل معادلة التركيز المذكورة أعلاه بسرعة ثابتة حيث يخضع السريان في الاوساط المسامية لقانون دارسي. يمثل قانون دارسي معادلة الحفاظ على كمية الحركة للسريان في الاوساط المسامية والتي يكون لها الشكل بالنسبة للسريان أحادي الطور كالتالي:

$$u = -\frac{k}{\mu}\frac{dp}{dx}$$

معادلة الاستمرارية مع مصطلح المصدر العام $q(x)$ هي:

$$\frac{du}{dx} = q(x)$$

حيث $u[\mathrm{m}^{-1}\,\mathrm{s}^{-1}]$ هي السرعة،$p\,(\mathrm{Pa})$ هي الضغط،$k[\mathrm{m}^2]$ هي النفاذية، $\mu_e[\mathrm{kg}\,\mathrm{m}^{-1}\,\mathrm{s}^{-1}]$ هي لزوجة السائل. وبدمج المعادلتين أعلاه معًا يعطي:

$$\frac{\mathrm{d}}{\mathrm{d}x}\left[-\frac{k}{\mu}\frac{\mathrm{d}p}{\mathrm{d}x}\right] = q(x)$$

ومن المثير للملاحظة أن:

$$Q(x) = \int_0^x q(x)\mathrm{d}x$$

و

$$Q(x)|_{x=0} = u_0$$

وبتكامل المعادلة أعلاه يؤدي إلى:

$$p = -\frac{u_0}{k}\mu x + \text{ const.}$$

ويمكن حساب ثابت التكامل من خلال تطبيق الشرط الحدي $p = p_h$ عند $x = h$ لذلك نحصل على:

$$p = \ p_h + \frac{u_0}{k}\mu(h - x)$$

وبما أن الضغط دالة خطية، فيجب أن تكون السرعة ثابتة في هذه الحالة البسيطة.

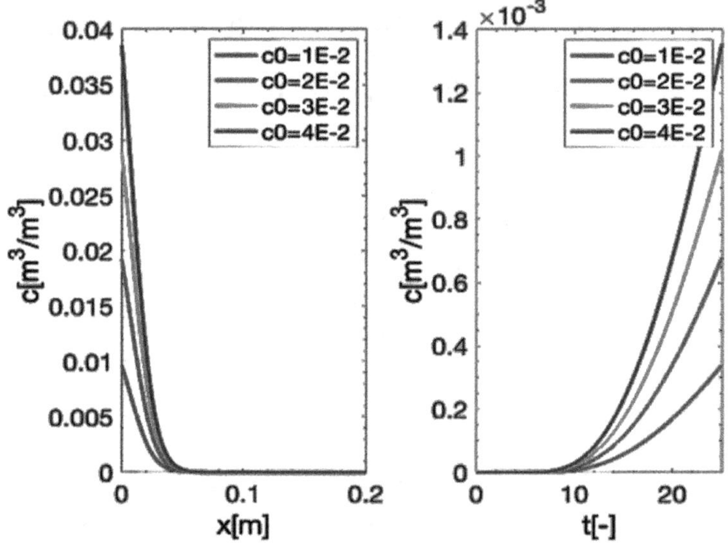

شكل 3-1: التركيز بقيم مختلفة لـ c_0

السوائل النانوية في الطبقة الجدارية

لقد حظي سريان الطبقة الجدارية باهتمام كبير من العديد من الباحثين بسبب مرونته في التعامل مع الفيزياء المختلفة وسهولة التحكم في اشتقاق المعادلات والحسابات الرقمية. ولذلك، مع التطور السريع للسوائل النانوية تجريبيًا، فإن إدراجها في نمذجة الطبقة الجدارية له مساهمة كبيرة. يمكن بناء الطبقة الجدارية على سطح صلب مغمور في سريان معين، حتى في وسط مسامي. وعلى سبيل المثال لا الحصر توجد سريانات الطبقة الجدارية عبر الاوساط المسامية في العديد من التطبيقات الصناعية والهندسية، بما في ذلك تسرب المياه في قيعان الأنهار، والصناعات الغذائية، وهجرة الملوثات إلى التربة

وطبقات المياه الجوفية، ودفن النفايات النووية في الأرض، وأعمدة المفاعلات المعبأة.

وتُعرف الطبقة الرقيقة من السائل المحيطة بسطح صلب بالطبقة الجدارية ويتم تكونها بواسطة السائل المتدفق على طول السطح. ويتم إنشاء حالة حدود عدم الانزلاق بسبب تفاعل السائل والجدار (السرعة صفر عند الجدار). وبعد ذلك، ترتفع سرعة السريان فوق السطح بشكل مطرد حتى تصل إلى سرعة السريان القصوى. وفي ظل وجود انتقال الحرارة، عادة ما يكون للأسطح تأثير الحمل الحراري وتولد انتقال الحرارة الناتج عن الطفو والذى اصبح أكثر فعالية في وجود السوائل النانوية.

دعنا الان نقدم تحليل التماثل والحل التحليلي لسريان لمائع نانوي للطبقة الجدارية المرتبط بانتقال الحرارة بالحمل الحراري عبر لوحة مسطحة أفقية في وسط مسامي مشبع. ومن المفترض أن يتدفق المائع النانوي بسرعة ثابتة بسبب تدرج الضغط الخارجي. ومن المفترض أيضًا أن يتم تجاهل تباين تركيز الجسيمات النانوية في الطبقة الجدارية لأن الجسيمات النانوية منتشرة بالتساوي في جميع أنحاء السائل الأساسي. وعلاوة على ذلك، من المفترض أن يكون كل من المصفوفة الصلبة السائلة والمسامية متجانسة ومتناحية الخواص. ويصور الشكل 3-2 انتقال الحرارة بالحمل الحراري للسوائل النانوية عبر لوح أفقي ساخن مغمور في وسط مسامي مشبع. ويمكن كتابة

معادلات الاستمرارية وكمية الحركة والطاقة في نظام الإحداثيات الديكارتية
على النحو التالي:

$$\frac{\partial u}{\partial x} + \frac{\partial v}{\partial y} = 0$$

$$u = -\frac{K}{\mu_{\text{nf}}}\frac{\partial P}{\partial x}$$

$$v = -\frac{K}{\mu_{\text{nf}}}\frac{\partial P}{\partial y}$$

$$u\frac{\partial T}{\partial x} + v\frac{\partial T}{\partial y} = \alpha_{\text{m,nf}}\frac{\partial^2 T}{\partial y^2}$$

المرتبطة بالشروط الحدية هي،

$$y = 0:\ v = 0,\ -k_{\text{m,nf}}\frac{\partial T}{\partial y} = h_{\text{f}}(T_{\text{f}} - T)$$

$$y \to \infty:\ u = U,\ T \to T_{\infty}$$

شكل 3-2: رسم تخطيطي لطبقة الحدود الحرارية.

يمكن التعبير عن الخواص الفيزيائية الحرارية للوسط المسامي والسوائل النانوية على النحو التالي:

الانتشار الحراري:

$$\alpha_{m,f} = \frac{k_{m,f}}{\left(\rho c_p\right)_f}$$

السعة الحرارية:

$$\left(\rho c_p\right)_{nf} = (1-\varphi)\left(\rho c_p\right)_{bf} + \varphi\left(\rho c_p\right)_p$$

التوصيل الحراري الفعال:

$$\frac{k_{nf}}{k_{bf}} = \frac{k_p + 2k_{bf} + 2\varphi(k_p - k_{bf})}{k_p + 2k_{bf} - \varphi(k_p - k_{bf})}$$

تكون هذه المعادلة موثوقة إذا كانت التوصيل الحراري للسائل والوسط المسامي يختلفان قليلاً فقط

معامل التمدد الحراري:

$$\beta_{nf} = \frac{(1 - \varphi)\rho_{bf}\beta_{bf} + \varphi\rho_p\beta_p}{\rho_{nf}}$$

لزوجة الموائع النانوية:

$$\mu_{nf} = \frac{\mu_{bf}}{(1 - \varphi)^{2.5}}$$

حيث تشير الحروف bf و p و nf و m و f على التوالي إلى السائل الأساسي والجسيم والسوائل النانوية والاوساط المسامية والسوائل (إما السائل النانوي أو السائل النقي). ويشير الحرف m,f إلى القيمة الفعالة للسائل الأساسي والوسط المسامي، ويشير الحرف m,nf إلى القيمة الفعالة للوسط المسامي والسوائل النانوية. وأخيرًا، يشير الحرف ∞ إلى الوسط المحيط.

في تحليل سريان الطبقة الجدارية عادة ما نقدم دالة السريان (ψ) والتي تحقق معادلة الاستمرارية على النحو التالي:

$$u = \frac{\partial \psi}{\partial y} \quad v = -\frac{\partial \psi}{\partial x}$$

استخدام الشروط الحدية

$$u = U_\infty \quad v = 0$$

حيث ان U_∞ هي سرعة السريان الحر.

وترتبط سرعة السريان الحر بتدرج ضغط القيادة:

$$U_\infty = -\frac{K}{\mu_{\mathrm{nf}}}\frac{\partial P}{\partial x}$$

ثم أدخل متغيرات التشابه η على النحو التالي:

$$\eta = \frac{y}{x}\mathrm{Pe}_{\mathrm{x}}^{1/2}$$

ودرجة الحرارة اللابعدية على النحو التالي:

$$\theta(\eta) = \frac{T - T_\infty}{T_{\mathrm{f}} - T_\infty}$$

ويؤدي استبدال متغيرات التشابه وفي المعادلات إلى الحصول على المعادلة التفاضلية العادية اللابعدية مع الشروط الحدية المقابلة لها:

$$\alpha_{\mathrm{D}}\theta'' + \frac{1}{2}\eta\theta' = 0$$

$$\theta'(0) = -N_C[1 - \theta(0)]$$

$$\theta(\infty) = 0$$

حيث يشير الشرط الاول إلى المشتقة بالنسبة الي η

يتأثر انتقال الحرارة بشكل كبير بالنسبة $\alpha_D = \dfrac{\alpha_{m,nf}}{\alpha_{m,bf}}$

$$N_C = \frac{h_f^{\,0.5}}{k_{m,nf}}\left(\frac{\alpha_{m,bf}}{U}\right)^{0.5} = \frac{Nu_{m,nf}}{Pe_{m,bf}^{0.5}}$$

كما يعرف عدد نسلت كالتالى:

$$Nu_{m,nf} = \frac{h_f x}{k_{m,nf}}$$

$$Pe_{m,bf} = \frac{U x}{\alpha_{m,bf}}$$

من أجل التمكن من الحصول على حل مماثل للمعادلة اللابعدية المذكورة أعلاهز والآن نستكشف الحل التحليلي للمعادلة بفصل المتغير:

$$\frac{\theta''}{\theta'} = -\frac{\eta}{2\alpha_D}$$

ثم قم بالتكامل للحصول على:

$$\ln(\theta') = -\frac{\eta^2}{4\alpha_D} + C_1$$

أو

$$\theta' = e^{-\frac{\eta^2}{4\alpha_D}+C_1} = C_1 e^{-\frac{\eta^2}{4\alpha_D}}$$

ثم قم يالتكامل مرة اخرى لتحصل على:

$$\theta = \int C_1 e^{-\frac{\eta^2}{4\alpha_D}} + C_2 = C_1\sqrt{\alpha_D}\sqrt{\pi}\,\mathrm{erf}\left(\frac{\eta}{2\sqrt{\alpha_D}}\right) + C_2$$

ثم نطبق الشروط الحدية لتحديد ثوابت التكامل C_2 و C_1:

$$C_1 = -\frac{N_c}{1+\sqrt{\alpha_D}\sqrt{\pi}N_c}, \; C_2 = \frac{\sqrt{\alpha_D}\sqrt{\pi}N_c}{1+\sqrt{\alpha_D}\sqrt{\pi}N_c}$$

وبالتالي فإن الحل التحليلي يصبح:

$$\theta = -\frac{N_c}{1+\sqrt{\alpha_D}\sqrt{\pi}N_c}\sqrt{\alpha_D}\sqrt{\pi}\,\mathrm{erf}\left(\frac{\eta}{2\sqrt{\alpha_D}}\right) + \frac{\sqrt{\alpha_D}\sqrt{\pi}N_c}{1+\sqrt{\alpha_D}\sqrt{\pi}N_c}$$

$$= \frac{\sqrt{\alpha_D}\sqrt{\pi}N_c}{1+\sqrt{\alpha_D}\sqrt{\pi}N_c}\left(1 - \mathrm{erf}\left(\frac{\eta}{2\sqrt{\alpha_D}}\right)\right)\theta$$

$$= \frac{\sqrt{\alpha_D}\sqrt{\pi}N_c}{1+\sqrt{\alpha_D}\sqrt{\pi}N_c}\,\mathrm{erfc}\left(\frac{\eta}{2\sqrt{\alpha_D}}\right).$$

يوضح شكل 3-3 درجة الحرارة اللابعدية ويتضح من هذا الشكل أنه مع زيادة معامل انتقال الحرارة بالحمل الحراري N_c تزداد درجة الحرارة.

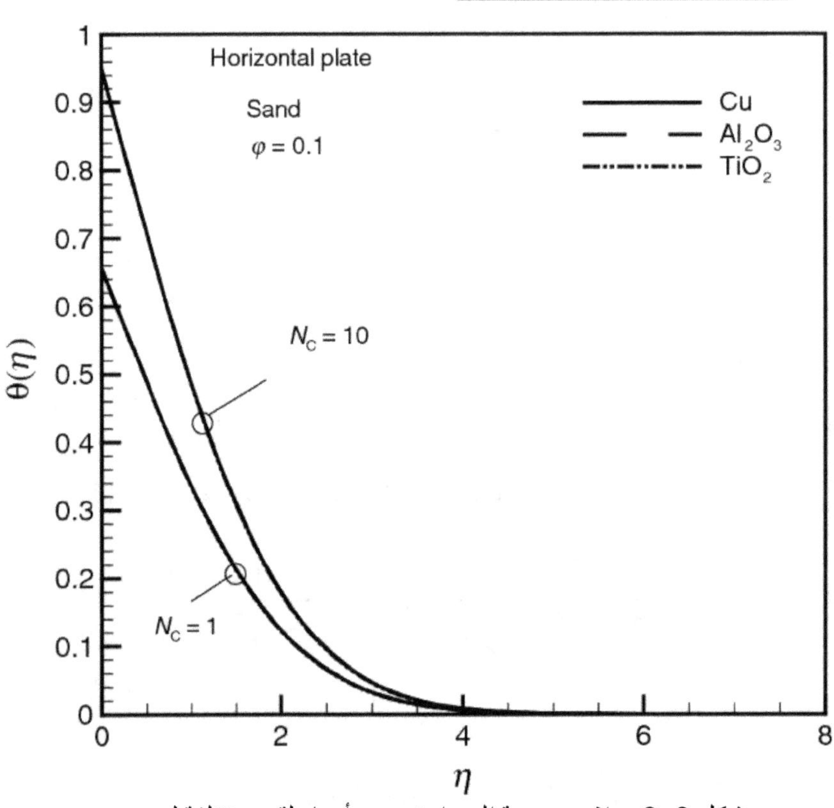

شكل 3-3: ملامح درجة الحرارة بدون أبعاد لقيم مختلفة لـ N_c

✳ ✳ ✳

الفصل الرابع
الجسيمات النانوية في الاوساط المتشققة

يناقش هذا الفصل نمذجة السريان في الاوساط المسامية المتشققة. ويغطي الطرق الأساسية الأكثر شيوعا ويعرض جوانبها الفيزيائية والرياضية والعددية. تم تقديم العديد من الطرق بها في ذلك الاستمرارية المزدوجة، وشروط الحدود، وعامل الشكل، ونموذج الشق المنفصل (DFM) وأخيرا، تمت مناقشة نموذج الشق المدمج الهجين.

الكلمات الرئيسية :

المصلح باللغة الانجليزية	المصلح باللغة العربية
Fractured Porous Media	الأوساط المسامية المشققة
Nanoparticles	الجسيمات النانوية
Dual Continuum Model	نموذج الاستمرارية المزدوجة
Shape Factor	عامل الشكل
Discrete Fracture	كسر منفصل
Compact Hybrid Fracture	الشق الهجين المدمج

مقدمة

بما أن الاوساط المسامية الطبيعية تكون عادة مشققة، فإن هذا الفصل يهدف إلى تغطية انتقال الجسيمات النانوية في الاوساط المسامية المشققة. ويعريف الوسط المسامي المشقق على أنه وسط مسامي يتقاطع مع شبكة من الشقوق المترابطة والذي يقسم الوسط إلى سلسلة من الكتل المنفصلة بشكل أساسي من الصخور المسامية، تسمى كتل المصفوفة. تعتبر الخزانات الجوفية مثالا واضحا جدا على الاوساط المسامية المشققة الطبيعية (انظر شكل 4-1). كما يمكن أحداث الشقوق بشكل مصطنع باستخدام تقنية التكسير (وتسمى أيضًا التكسير الهيدروليكي) بغرض استخلاص الغاز من خزانات الغاز الصخري.

ركزت أبحاث السريان في الاوساط المسامية المشققة على بعض الجوانب الرئيسية؛ الأول هو تطوير النماذج الاساسية والثاني هو وصف الخصائص الهيدروليكية للشق؛ والثالث هو تطوير تقنيات لوصف سريان الشق وتوزيعات المعاملات الهيدروجيولوجية. أيضًا، تم تطوير العديد من النماذج للتعامل مع السريان في الاوساط المسامية المشققة بها في ذلك الشق المنفصل، والاستمرارية المزدوجة، وشبكة الشقوق المنفصلة، والاستمرارية المكافئة الفردية، والاستمرارية متعددة التفاعل، والنماذج متعددة المسامية متعددة النفاذية.

الشكل 4-1: الاوساط المسامية المشققة الطبيعية

تتكون الاوساط المتشققة من كتل المصفوفة والشقوق. لذلك، هناك مقياسان للطول مهمان، أحدهما هو مقياس سمك الشق (4 – 10م)؛ والثاني هو مقياس متوسط المسافة بين مستويات الشقوق، أي حجم كتل المصفوفة (1 – 0.1م). انظر الشكل 4-2 الذي يبين النموذج الدوري المثالي للوسائط المسامية المشققة.

طريقة الاستمرارية المزدوجة

هناك مفهومان مختلفان للاستمرارية المزدوج حيث يطبق نموذج المسامية المزدوجة (النفاذية الفردية) إذا لم يكن هناك اتصال مصفوفة ومصفوفة ويفترض أن سريان السائل فقط من المصفوفة إلى الكسور. وإذا أخذنا في

الاعتبار حالة أكثر عمومية، فسيتم النظر في نموذج المسامية المزدوجة والنفاذية المزدوجة (DPDP). وفي هذه الحالة يخضع السريان عبر كل كتلة المصفوفة للمعادلة:

$$\frac{\partial(\varphi_m\rho_m)}{\partial t} + \nabla \cdot (\rho_m\mathbf{u}_m) = -q_{mf}$$

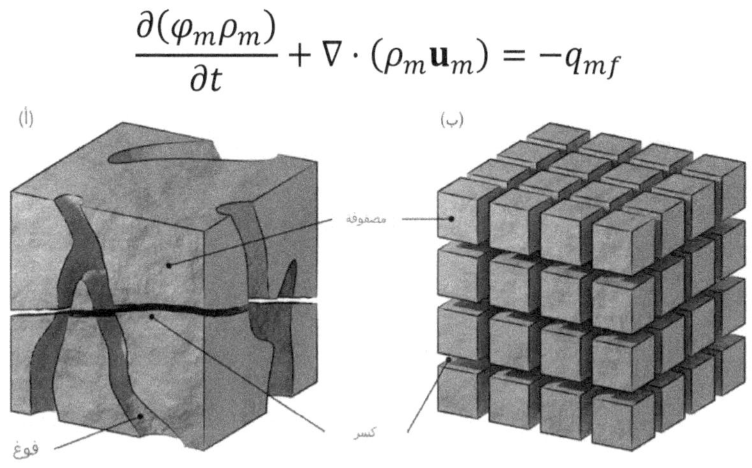

الشكل ٤ ـ ٢: النموذج الدوري المثالي للوسائط المسامية المشققة

بينما يتم وصف السريان في الكسور بواسطة:

$$\frac{\partial(\varphi_f\rho_f)}{\partial t} + \nabla \cdot (\rho_f\mathbf{u}_f) = q_{mf} + q.$$

دعنا نعرف بإيجاز النماذج التي تصف السريان ثنائي الطور في الاوساط المسامية المشققة باستخدام طريقة النفاذية المزدوجة المسامية. وتصبح معادلات السريان لكل من المائع المبلل والمائع الغير مبلل في المصفوفة بواسطة،

$$\frac{\partial\left(\varphi_m\rho_{w,m}S_{w,m}\right)}{\partial t} + \nabla\cdot\left(\rho_{w,m}\mathbf{u}_{w,m}\right) = -q_{w,mf}$$

$$\frac{\partial\left(\varphi_m\rho_{nw,m}S_{nw,m}\right)}{\partial t} + \nabla\cdot\left(\rho_{nw,n}\mathbf{u}_{nw,m}\right) = -q_{nw,mf}$$

اما الكسور بواسطة فتستخدم المعادلات:

$$\frac{\partial\left(\varphi_f\rho_{w,f}S_{w,f}\right)}{\partial t} + \nabla\cdot\left(\rho_{w,f}\mathbf{u}_{w,f}\right) = q_{w,mf} + q$$

$$\frac{\partial\left(\varphi_f\rho_{nw,f}S_{nw,f}\right)}{\partial t} + \nabla\cdot\left(\rho_{nw,f}\mathbf{u}_{nw,f}\right) = q_{nw,mf} + q$$

لاحظ أن حد المصدر الخارجي q يظهر فقط في معادلات الشقوق.

طريقة الشروط الحدية

يتم وصف السريان عبر كتل المصفوفة على النحو التالي:

$$\frac{\partial\left(\varphi_m\rho_m\right)}{\partial t} + \nabla\cdot\left(\rho_m\mathbf{u}_m\right) = 0$$

في حين أن السريان في الكسور ياخذ هذا الشكل،

$$\frac{\partial\left(\varphi_f\rho_f\right)}{\partial t} + \nabla\cdot\left(\rho_f\mathbf{u}_f\right) = q_{mf} + q$$

حيث ان q_{mf} ويسمى حد انتقال كسر المصفوفة.

يعين شرطًا حديًا عامًا i^{th} على سطح مصفوفة Ω_i مع حد الانتقال q_{mf} حيث يتم الحصول على إجمالي كتلة السائل التي تترك i^{th} المصفوفة:

$$\int_{\partial \Omega_i} \rho_m \mathbf{u} \cdot \mathbf{n} \, dl$$

حيث ان $\partial \Omega_i$ هي حدود المصفوفة Ω_i. ومن نظرية التباعد ومعادلة حفظ الكتلة نجد أن:

$$\int_{\partial \Omega_i} \rho_m \mathbf{u} \cdot \mathbf{n} \, dl = \int_{\Omega_i} \nabla \cdot (\rho_m \mathbf{u}) d\mathbf{x}$$
$$= -\int_{\partial \Omega_i} \frac{\partial (\varphi_m \rho_m)}{\partial t} d\mathbf{x}$$

لذلك،

$$q_{mf} = -\sum_i \chi_i(\mathbf{x}) \frac{1}{|\Omega_a|^2} \int \frac{\partial (\varphi_m \rho_m)}{\partial t} d\mathbf{x}$$

حيث ان

$$\chi_i(\mathbf{x}) = \begin{cases} 1 & \mathbf{x} \in \Omega_i \\ 0 & \text{otherwise} \end{cases}$$

طريقة عامل الشكل

في طريقة عامل الشكل وتسمى أيضًا طريقة Warren-Root، يتناسب مصطلح الانتقال مع عامل شكل المصفوفة. وبالنسبة لكتلة مصفوفة الموائع المحاطة بسائل آخر في الكسور فإن تدرج الضغط عبر الكتلة يعطي في الصورة:

$$\Delta p_f = 0, \ \Delta p_m = |\rho_f - \rho_m| g$$

ويصبح حد انتقال كسر المصفوفة:

$$q_{mf} = \frac{T_m}{\mu}\left(p_m - p_{m,j} + L_c \Delta p_m\right)$$

حيث ان

$$T_m = k\sigma\left(\frac{1}{l_x^2} + \frac{1}{l_y^2} + \frac{1}{l_z^2}\right)$$

أو

$$T_m = \sigma\left(\frac{k_{11}}{l_x^2} + \frac{k_{22}}{l_y^2} + \frac{k_{33}}{l_z^2}\right)$$

حيث ان l_x, l_y, l_z هي أبعاد المصفوفة، T_m هل قابلية الانتقال، L_c هو الطول المميز وσ هو عامل الشكل.

نموذج الشق المنفصل

يتعامل نموذج الشق المنفصل (DFM) مع الشق كمجال ذي أبعاد أقل لتقليل تباين المقاييس الهندسية. يتم تبسيط الخلايا الشبكية للكسور هندسيًا باستخدام خلايا شبكية ذات أبعاد (n−1) في مجال ذو أبعاد n. ففي المجال ثلاثي الأبعاد، يتم تمثيل الكسور بواسطة واجهات خلية شبكية ثنائية الأبعاد ومجال ثنائي الأبعاد، أي يتم تمثيل الكسور بواسطة واجهات خلية شبكية ثنائية الأبعاد (الشكل ٤-٣).

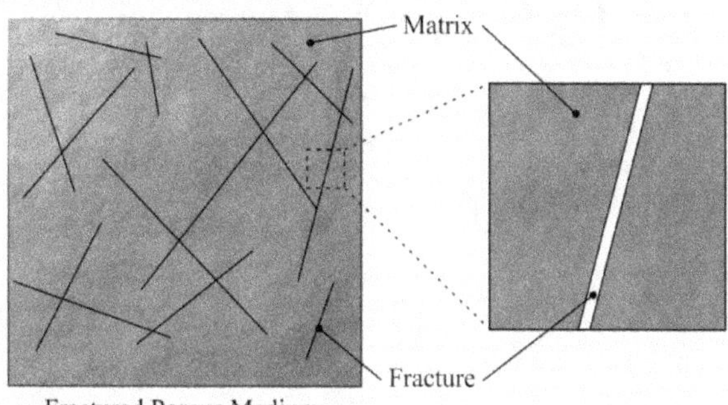

الشكل ٤-٣: رسم تخطيطي لنموذج الشق المنفصل (DFM)

وينقسم المجال إلى مجال المصفوفة، Ω_m ومجال الشق Ω_f وتصبح معادلة الضغط في مجال المصفوفة:

$$-\nabla \cdot \mathbf{K}_m \nabla P_m = q_m$$

وبافتراض أن الضغط على طول عرض الشق ثابت تصبح معادلة الضغط في الشق:

$$-\nabla \cdot \mathbf{K}_f \nabla P_f = q_f + Q_f$$

يتم إعطاء حالة واجهة كسر المصفوفة بواسطة:

$$P_m = P_f \text{ on } \partial\Omega_m \cap \partial\Omega_f$$

حيث يمثل Q_f الانتقال عبر واجهة كسر المصفوفة. و يمكن التعبير عن معادلة انتقال الجسيمات النانوية في مجال المصفوفة على النحو التالي:

$$\phi_\mathrm{m} \frac{\partial C_\mathrm{m}}{\partial t} + \nabla \cdot (\mathbf{u_m} C_\mathrm{m} - \phi_\mathrm{m} D \nabla C_\mathrm{m}) = R_\mathrm{m} + Q_{c,\mathrm{m}}$$

ومن ناحية أخرى فإن معادلة انتقال الجسيمات النانوية في الكسور تمثل كالتالي:

$$\phi_\mathrm{f} \frac{\partial C_\mathrm{f}}{\partial t} + \nabla \cdot (\mathbf{u_f} C_\mathrm{f} - \phi_\mathrm{f} D \nabla C_\mathrm{f}) = R_\mathrm{f} + Q_{c,\mathrm{m,f}}$$

ويمثل معدل تغير حجم الجسيمات عبر واجهات الشق مع المصفوفة بالمعادلة الحدية:

$$C_\mathrm{m} = C_\mathrm{f} \text{ on } \partial\Omega_\mathrm{m} \cap \partial\Omega_\mathrm{f}$$

يتم إعطاء الترسب السطحي في كتل المصفوفة بواسطة:

$$\frac{\partial C_{s1,\mathrm{m}}}{\partial t} = \begin{cases} \gamma_d |\mathbf{u_m}| C_\mathrm{m}, & \mathbf{u_m} \leq u_r \\ \gamma_d |\mathbf{u_m}| C_\mathrm{m} - \gamma_e |\mathbf{u_m} - u_r| C_{s1,\mathrm{m}}, & \mathbf{u_m} > u_r \end{cases}$$

وبالمثل، يتم تمثيل الترسب السطحي في مجال الشق بواسطة:

$$\frac{\partial C_{s1,\mathrm{f}}}{\partial t} = \begin{cases} \gamma_{df} |\mathbf{u_f}| C_\mathrm{f}, & \mathbf{u_f} \leq u_r \\ \gamma_{df} |\mathbf{u_f}| C_\mathrm{f} - \gamma_{ef} |\mathbf{u_f} - u_r| C_{s1,\mathrm{f}}, & \mathbf{u_f} > u_r \end{cases}$$

ويمثل معدل تغير حجم الجسيمات عبر واجهات الشق مع المصفوفة بالمعادلة الحدية للمتغير $C_{s1,f}$

$$C_{s1,m} = C_{s1,f} \text{ on } \partial\Omega_m \cap \partial\Omega_f$$

يلاحظ انه لن يتم أخذ معادلة الجسيمات النانوية المحبوسة في مسام الحلق في الاعتبار.

✳ ✳ ✳

الفصل الخامس
الاوساط المسامية متباينة الخواص

يعد تباين الخواص في الاوساط المسامية سمة أساسية في التكوينات الجيولوجية. في هذا الفصل، سيتم مناقشة انتقال الجسيمات النانوية في الاوساط المسامية متباينة الخواص. سوف نناقش أولا طبيعة الاوساط المسامية متباينة الخواص. ثم بعد ذلك، نقدم النمذجة الرياضية للسريان في الاوساط المسامية متباينة الخواص. ثم نقدم نموذج انتقال الجسيمات النانوية في الاوساط المسامية متباينة الخواص. وبعد ذلك، نناقش الطرق العددية المناسبة للوسائط المسامية متباينة الخواص، وخاصة تقريب السريان متعدد النقاط (MPFA).

الكلمات الرئيسية:

المصلح باللغة الانجليزية	المصلح باللغة العربية
Heterogeneous Porous Media	الأوساط المسامية متباينة الخواص
Nanoparticles	الجسيمات النانوية
Multi-point Flow Approximation	تقريب السريان متعدد النقاط

طبيعة الاوساط المسامية متباينة الخواص

يمكن ان تتباين خواص الاوساط المسامية في الطبقات الجيولوجية (الشكل ٥-١) بسبب العمليات الفيزيائية والكيميائية والميكانيكية التي حدثت على مدار العصور الجيولوجية الطويلة. ويمكن أن تؤدي الطبقات الدورية في تكوين الخزان إلى تباين في الخواص، وتمثل هذه الخصائص الحالة العامة. ويشير تباين الخواص إلى حقيقة أن خصائص مثل النفاذية لها قيم متنوعة في اتجاهات مختلفة. ونتيجة لذلك، غالبًا ما تختلف خصائص النفاذية في الاتجاه Z عن تلك الموجودة في الاتجاهين X وy. ويُشار عادةً إلى النفاذية الرئيسية والاتجاهات المرتبطة بها بالنفاذية الرئيسية والاتجاهات الرئيسية، على التوالي. وإذا كانت النفاذية متطابقة، فإن الوسط المسامي يسمى موحد الخواص؛ إذا كان الاثنان مختلفين، تسمى المادة المسامية متباينة الخواص.

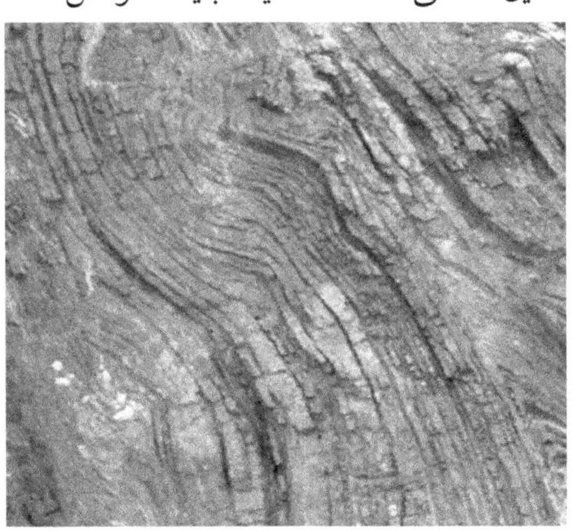

شكل ٥-١: الصخور متباينة الخواص في التكوينات الجيولوجية

السريان في الاوساط المسامية متباينة الخواص

كما ذكرنا في وقت مبكر من الكتاب، فإن معادلة الحفاظ على كمية الحركة لسريان أحادي الطور يمثلها قانون دارسي على النحو التالي:

$$\mathbf{u} = -\frac{\mathbf{K}}{\mu}(\nabla p - \rho \mathbf{g})$$

أو مع تجاهل تأثير الجاذبية الذي تم تبسيطه إليه،

$$\mathbf{u} = -\frac{\mathbf{K}}{\mu}\nabla p$$

حيث $\mathbf{u}$ هي السرعة و ρ هي كثافة السائل و μ هي لزوجة المائع و g هي تسارع الجاذبية. وفي هذا الفصل سوف يتم التعامل مع النفاذية K على أنه مصفوفة من الدرجة الثانية، كما يلي:

$$\mathbf{K} = \begin{bmatrix} K_{xx} & K_{xy} & K_{xz} \\ K_{yx} & K_{yy} & K_{yz} \\ K_{zx} & K_{zy} & K_{zz} \end{bmatrix}$$

لذلك يمكن إعادة كتابة قانون دارسي في ثلاثة ابعاد على النحو التالي:

$$\begin{bmatrix} u_x \\ u_y \\ u_z \end{bmatrix} = -\frac{1}{\mu}\begin{bmatrix} K_{xx} & K_{xy} & K_{xz} \\ K_{yx} & K_{yy} & K_{yz} \\ K_{zx} & K_{zy} & K_{zz} \end{bmatrix}\begin{bmatrix} \dfrac{\partial p}{\partial x} \\[6pt] \dfrac{\partial p}{\partial y} \\[6pt] \dfrac{\partial p}{\partial z} \end{bmatrix}$$

وفي العادة يُفترض أن يكون ممتدد النفاذية بأكمله متماثلًا ومحددًا بشكل إيجابي،

يتكون ممتد النفاذية الكاملة من تسعة عناصر، وأربعة عناصر في الحالة ثنائية الأبعاد. نظرًا لأنه من المفترض أن يكون الممتد متماثلًا، فقد تم تحليل ستة عناصر مستقلة فقط والإحداثيات الثلاثة المهمة تكون هكذا، $K_{xy} =$ $K_{yx}, K_{xz} = K_{zx}, K_{yz} = K_{zy}$ وبالتالي فإن قيم نفاذية الصخور في اتجاهين متعاكسين متكافئة، مما يعني أن الممتد المتماثل يغير محاور الإحداثيات الأساسية دون التسبب في أي تشوه في النظام. تكون الاوساط المسامية في معظم المواقف تحت السطحية موحدة الخواص أفقيًا ولكنها متباينة الخواص عموديًا.

$$\mathbf{K_0} = \begin{bmatrix} K_H & 0 & 0 \\ 0 & K_H & 0 \\ 0 & 0 & K_V \end{bmatrix}$$

ومن ناحية أخرى، نادرًا ما تكون طبقة التكوين أفقية تمامًا، وتشكل زاوية θ مع المستوى الأفقي. إذا تم بناء نموذج الخزان في كلا الاتجاهين الأفقي والرأسي، فيجب تدوير ممتد النفاذية الأولي $R_1(\theta)$، على سبيل المثال،

$$R_1 = \begin{bmatrix} \cos\theta & 0 & \sin\theta \\ 0 & 1 & 0 \\ -\sin\theta & 0 & \cos\theta \end{bmatrix}$$

ولذلك فإن ممتد النفاذية في الإحداثيات الجديدة (x_1, y_1, z_1) يأخذ الشكل،

$$K_1 = R_1^T K_o R_1 = \begin{bmatrix} K_{xx} & 0 & K_{xz} \\ 0 & K_H & 0 \\ K_{xz} & 0 & K_{zz} \end{bmatrix}$$

مثل ذلك،

$$K_{xx} = K_H \cos^2 \theta + K_V \sin^2 \theta$$
$$K_{xz} = (K_H - K_V)\sin \theta \cos \theta$$
$$K_{zz} = K_H \sin^2 \theta + K_V \cos^2 \theta$$

هذا هو الشكل النهائي لنموذج النفاذية متباين الخواص.

الجسيمات النانوية في الاوساط المسامية متباينة الخواص

كما ورد في الفصول السابقة، فإن المعادلة التفاضلية الجزئية الرئيسية لانتقال الجسيمات النانوية في الاوساط المسامية تأخذ الشكل:

$$\frac{\partial(\phi C)}{\partial t} + \nabla \cdot (\mathbf{u} C) - \nabla \cdot (\mathbf{D}(\mathbf{u}) \nabla C) = q + R$$

مثل ممتد النفاذية، يمكن أن يكون ممتد التشتت متباين الخواص ويمكن كتابته على النحو التالي:

$$\mathbf{D} = \begin{bmatrix} D_{xx} & D_{xy} & D_{xz} \\ D_{yx} & D_{yy} & D_{yz} \\ D_{zx} & D_{zy} & D_{zz} \end{bmatrix}$$

والتي يفترض أن تكون متماثلة وإيجابية محددة. ومن المعروف أن معامل التشتت هو دالة في سرعة دارسي وهو الأكثر استخداما في نموذج الانتقال،

$$D_{xx} = \left[a_L \frac{u_x^2}{u^2} + a_{TH} \frac{u_y^2}{u_x^2 + u_y^2} + a_{TV} \frac{u_x^2 u_z^2}{u^2\left(u_x^2 + u_y^2\right)}\right] u$$

$$D_{yy} = \left[a_L \frac{u_y^2}{u^2} + a_{TH} \frac{u_x^2}{u_x^2 + u_y^2} + a_{TV} \frac{u_y^2 u_z^2}{u^2\left(u_x^2 + u_y^2\right)}\right] u$$

$$D_{zz} = \left[a_L \frac{u_x^2}{u^2} + a_{TV} \frac{u_x^2 + u_y^2}{u^2}\right] u,$$

$$D_{xy} = D_{yx} = \left[a_L \frac{u_x u_y}{u^2} + a_{TH} \frac{u_x u_y}{u_x^2 + u_y^2} + a_{TV} \frac{u_x u_y u_z}{u^2\left(u_x^2 + u_y^2\right)}\right] u,$$

$$D_{xz} = D_{zx} = \left[(a_L - \alpha_{TV}) \frac{u_x u_z}{u^2}\right] u,$$

$$D_{yz} = D_{zy} = \left[(a_L - \alpha_{TV}) \frac{u_y u_z}{u^2}\right] u$$

حيث ان $\alpha_L = \alpha_1 + \alpha_2 - \alpha_3 \cos^2 \theta$ هو معامل التشتت الطولي،

$\alpha_{TH} = \alpha_1$ هو معامل التشتت الأفقي المستعرض،

$\alpha_{TV} = \alpha_1 + \alpha_3(1 - \cos^2 \theta)$ هو معامل التشتت الرأسي المستعرض

θ تمثل الزاوية بين محور المادة واتجاه السريان.

الفصل السادس
الجسيمات النانوية المغناطيسية

يعرض هذا الفصل النمذجة الرياضية لانتقال الجسيمات النانوية المغناطيسية في سريان أحادي الطور في الاوساط المسامية تحت تأثير مجال مغناطيسي خارجي. كما تم تطوير النموذج الرياضي لحالة السريان ثنائي الطور. وبعد ذلك، قمنا بتطوير حل عددي لانتقال الجسيمات النانوية المغناطيسية ثنائي الطور. وأخيراً، نقدم حلولاً تحليلية سريان أحادي الطور.

الكلمات الرئيسية:

المصطلح باللغة الانجليزية	المصطلح باللغة العربية
Magnetic Nanoparticles	الجسيمات النانوية المغناطيسية
Magnetized Fluids	السوائل الممغنطة
Magnetic Fields	المجالات المغناطيسية
Analytical Solutions	الحلول التحليلية
Counter-Current Impregnation	تشريب التيار المعاكس
Magnetized Fluids	السوائل الممغنطة
Non-Uniform Thermal Magnetic Fields	المجالات المغناطيسية الغير منتظمة الحرارة

مقدمة

تعتبر الجسيمات النانوية المغناطيسية التي يمكن التحكم فيها عن طريق تطبيق مجال مغناطيسي خارجي من الاستخدامات المحتملة لتقنية النانو. وقد يمهد هذا الطريق لاستخدامات مختلفة، بما في ذلك توجيه السريان في مراقبة الخزان وزيادة تدفق السائل المحقون أثناء صيانة الضغط لتحسين استخلاص النفط. كما ان استخدام الجسيمات النانوية ذات الخصائص الكهرومغناطيسية مثل أكسيد الحديد $(Fe_2 O_3)$ وأكسيد الزنك (ZnO) تحت الموجات الكهرومغناطيسية يمكن أن يحسن عملية استخلاص النفط. ويمكن أن تتأثر حركة الجسيمات النانوية بشكل كبير بوجود مجال مغناطيسي خارجي. فعلى سبيل المثال، تعمل المجالات المغناطيسية على تغيير حركة هذه الجسيمات النانوية المغناطيسية، ويمكن حقن الجسيمات النانوية المغناطيسية في خزانات الهيدروكربون تحت تاثير مغناطيس دائم.

قد تتأثر المتغيرات الفيزيائية مثل تشبع الطور، وتركيز الجسيمات النانوية، وتركيزات جدار/ حلق المسام للجسيمات النانوية المترسبة تحت تأثير المجال المغناطيسي. ويعتبر التعامل مع معلق جسيمات الماء النانوية على أنه محلول قابل للامتزاج، ولكن الطور الزيتي غير قابل للامتزاج. وتُستخدم نظرية الخليط لتحديد الخصائص المغناطيسية للسوائل وكثافتها ولزوجتها.

تعتبر الخصائص المغناطيسية لخليط السوائل والجسيمات النانوية المغناطيسية غير فعالة حتى يتم تطبيق مجال مغناطيسي خارجي. كما إن ميل العزوم ثنائية

القطب للتوافق مع المجال المغناطيسي يقابله إلى حد كبير التحريض الحراري عند تطبيق المجال المغناطيسي. وتصطف الجسيمات بشكل متزايد مع زيادة شدة المجال المغناطيسي حتى تصل المغنطة إلى نقطة التشبع عند نقطة ما تتم محاذاة جميع الجسيمات، كما هو موضح في الشكل ٦-١.

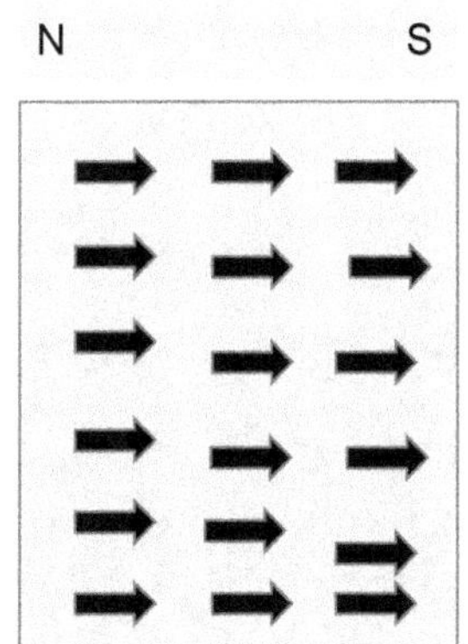

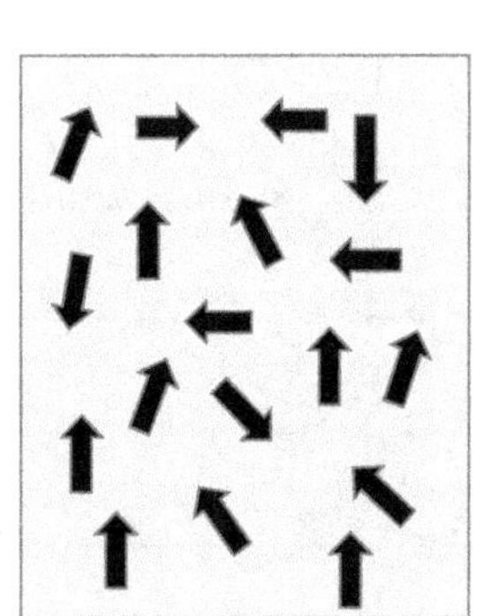

شكل ٦-١: رسم تخطيطي للجسيمات النانوية المغناطيسية دون تطبيق مجال مغناطيسي (يسار)، وبعد تطبيق مجال مغناطيسي (يمين).

يعرف مجال الحث المغناطيسي بواسطة:

$$\vec{B} = \mu_0\left(\vec{M} + \vec{H}\right)$$

حيث ان $\vec{H}$ هي قوة المجال المغناطيسي و$\vec{M}$ المغنطة وμ_0هي نفاذية الوسط المغناطيسية وتكون المغنطة وقوة المجال المغناطيسي علاقات رياضية خطية معًا في حالة للمواد المغناطيسية اللينة والمجال المغناطيسي ذو القوة المعتدلة، أي

$$\vec{M} = \chi \vec{H}$$

حيث χ هي القابلية المغناطيسية. ولذلك:

$$\vec{B} = \overrightarrow{\mu H}$$

حيث ان $\mu = \mu_0(\chi + 1)$

يوجد ضغط إضافي ناجم عن التأثيرات المغناطيسية، لذا تتم إضافة مكونات إضافية على النحو التالي:

$$p^* = p + (p_m + p_s + p_n)$$

حيث ان p_m هو الضغط المغناطيسي للمائع، p_s هو الضغط المغناطيسي القاسي، p_n هو الضغط الطبيعي المغناطيسي، وقيمته صغيرة لا تكاد تذكر.

يمكن للضغط المغناطيسي القاسي أن يكتب على الصورة:

$$p_s = \mu_0 \int_0^H v \left(\frac{\partial M}{\partial v}\right)_{H,T} dH$$

والضغط المغناطيسي للسائل يأخذ الشكل:

$$p_m = \mu_0 \int_0^H M dH$$

علاوة على ذلك، يتم التعبير عن القوة المغناطيسية (التي تستثني مكون الضغط الديناميكي الحراري) على النحو التالي:

$$\mathbf{F}_{mag} = \nabla \cdot \mathbf{T}_m$$

$$= -\nabla$$

$$\cdot \left[\mu_0 \int_0^H v \left(\frac{\partial M}{\partial v} \right)_{H,T} dH + \mu_0 \int_0^H M dH \right]$$

$$+ \mu_0 M \nabla H$$

ومن المعروف أن الحجم المحدد يتم تحديده بواسطة العلاقة:

$$v = \partial \left(\frac{1}{\rho} \right) = -\frac{1}{\rho^2} \partial \rho$$

لذلك،

$$p_s = -\mu_0 \int_0^H \rho \left(\frac{\partial M}{\partial \rho} \right)_{H,T} dH$$

بافتراض عدم وجود سريان حر للشحنات الكهربائية، يتم اختزال معادلات ماكسويل إلى قانون جاوس الثاني والذي يأخذ الصيغة:

$$\nabla \cdot \vec{B} = 0$$

كما يصبح شكل قانون أمبير بهذا الشكل:

$$\nabla \times \vec{H} = 0$$

ومن ناحية أخرى، يتفاعل المجال المغناطيسي مع مغنطة محلول الجسيمات النانوية لخلق قوى جاذبة على كل جسيم حيث تعمل القوة المغناطيسية الخارجية $\mathbf{F}_{mag}$ كقوة جسم تؤثر على محلول الجسيمات النانوية، والتي يمكن كتابتها على النحو التالي:

$$\mathbf{F}_{mag} = \mu_0 M \frac{\partial H}{\partial z}$$

وتعتبر المغنطة M هي دالة في H تأخذ الشكل:

$$M = a_1 \tan^{-1}(b_1 H)$$

حيث ان a_1 و b_1 ثابتان يعتمدان علي المادة النانومغناطيسية.

ومن ناحية اخري يتم تمثيل شدة المجال المغناطيسي أحادي البعد بالصيغة،

$$H_z = \frac{B_r}{\pi \mu_0}\left(\tan^{-1}\frac{ab}{z(a^2 + b^2 + z^2)^{1/2}} - \tan^{-1}\frac{ab}{(z + L)(a^2 + b^2 + (z + L)^2)^{1/2}}\right)$$

حيث ان B_r هي المغنطة المتبقية، و L هي المسافة بين قطبي المغناطيس.

ويمكن معالجة معلق جسيمات الماء النانوية كخليط قابل للامتزاج، اي أن المغنطة تزداد خطيًا مع جزء كتلة السائل الممغنط c وبالتالي:

$$M(c) = M(c = 1)c$$

ومن ناحية أخرى، يمكن للمرء أن نفترض أن أحجام الماء النقي والسوائل الحديدية مضافة، وبالتالي فإن كثافة الخليط تأخذ هذا الشكل:

$$\frac{1}{\rho} = \frac{1-c}{\rho_w} + \frac{c}{\rho_f}$$

حيث ρ_w و ρ_f هما كثافة الماء ومكونات الجسيمات، علي. ويتم حساب لزوجة خليط الماء والجسيمات النانوية بالعلاقة الخطية التالية:

$$\mu = \mu_w(1 + 1.35c)$$

حيث μ_w لزوجة الماء النقي.

باستخدام قاعدة سلسلة التمايز مع مكافئ..،

$$\frac{\partial M}{\partial \rho} = \left(\frac{\partial M}{\partial a_1}\right)_{b_1,H} \left(\frac{\partial a_1}{\partial \rho}\right) + \left(\frac{\partial M}{\partial b_1}\right)_{a_1,H} \left(\frac{\partial b_1}{\partial \rho}\right) + \left(\frac{\partial M}{\partial H}\right)_{a_1,b_1} \left(\frac{\partial H}{\partial \rho}\right)$$

من ناحية أخرى، يمكننا تقريب $\frac{\partial b_1}{\partial \rho}$ و $\frac{\partial a_1}{\partial \rho}$، حول $a_{1,o}$ و $b_{1,o}$ واختيارهم كأصفار، وبالتالي،

$$\frac{\partial b_1}{\partial \rho} \approx \frac{b_1 - b_{1,o}}{\rho_w - \rho_o} = \frac{a_1}{\rho_w - \rho_o} \quad , \quad \frac{\partial a_1}{\partial \rho} \approx \frac{a_1 - a_{1,o}}{\rho_w - \rho_o} = \frac{a_1}{\rho_w - \rho_o}$$

بالتعويض ثم التكامل، نجد أن:

$$p_s = \frac{\rho_w a_1}{\rho_w - \rho_o} \mu_0 H \tan^{-1}(b_1 H)$$

باستخدام إجراء مماثل، نحصل على،

$$p_m = a_1 \left(H\tan^{-1}(b_1 H) - \frac{1}{2b_1}\ln(b_1^2 H^2 + 1) \right)$$

الجسيمات النانوية المغناطيسية في السريان أحادي الطور

إذا كانت القوة المغناطيسية الخارجية تعمل كقوة للجسم، فيمكن كتابة سرعة تعليق الجسيمات النانوية في الماء على النحو التالي:

$$\mathbf{u} = -\frac{K}{\mu_w}(\nabla \cdot p - \rho_w(c)g - \mu_0 M(c)\nabla H)$$

معادلة حفظ الكتلة بواسطة،

$$\nabla \cdot \mathbf{u} = 0$$

وكمية الحركة أحادية البعد ومعادلات حفظ الكتلة في اتجاه z يكونا:

$$u = -\frac{K}{\mu_w}\left(\frac{\partial p}{\partial z} - \rho_w(c)g - \mu_0 M(c)\frac{\partial H}{\partial z}\right)$$

و

$$\frac{\partial u}{\partial z} = 0$$

وبدمج المعادلتين نحصل علي:

$$\frac{\partial^2 p}{\partial z^2} - g\frac{\partial \rho}{\partial z} - \mu_0 \frac{\partial M}{\partial z}\frac{\partial H}{\partial z} - \mu_0 M\frac{\partial^2 H}{\partial z^2} = 0$$

نفرض ان المغنطة وشدة المجال المغناطيسي خطيان معًا، $M = \chi$ وإذا تجاهلنا تأثير الجاذبية نحصل علي:

$$\frac{\partial^2 p}{\partial z^2} = \mu_0 \left(\frac{\partial H}{\partial z}\right)^2 + \mu_0 \chi H \frac{\partial^2 H}{\partial z^2}$$

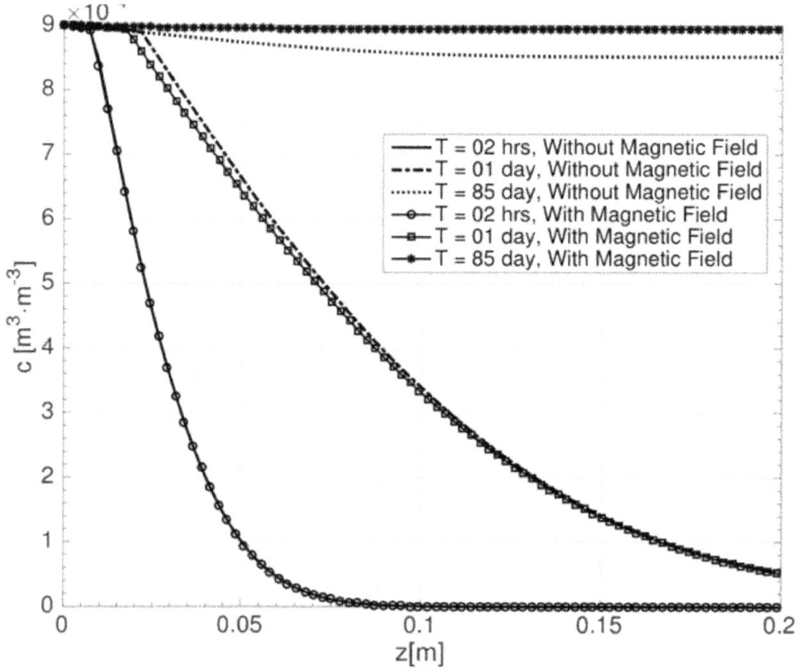

الشكل ٦-٢: تركيز الجسيمات النانوية لفترات تشرب مختلفة، مع وبدون المغناطيس

السوائل الحديدية غير منتظمة الحرارة

هناك درجة حرارة حرجة تسمى درجة حرارة كوري (T_C) تتعلق بتصنيف المواد المغناطيسية. فعلى سبيل المثال، بالنسبة للسوائل الحديدية Fe_2O_3 فان $T_C = 748\,K$. وعندما يتم تسخين مادة حديدية فوق النقطة الحرجة، فإنها

تصبح مغناطيسية. ومع ذلك، في ظل النقاط الحرجة، يحدث مغنطة عفوية يوصف بالمغنطة التلقائية عند درجات الحرارة المنخفضة بقانون بلوخ:

$$M(T) = M_0 \left(1 - \left(\frac{T}{T_C} \right)^{\frac{3}{2}} \right)$$

حيث ان $M_0 = M(T = 0)$ هي المغنطة التلقائية عند الصفر المطلق . وتوجد بعض الآليات الأخرى لتأثير درجة الحرارة على المغنطة مثل نموذج لانجفين. ويأخذ هذا النموذج في الاعتبار تأثير التقلبات الحرارية على العزوم المغناطيسية للجزيئات. ويمكن كتابة نموذج لانجفين على النحو التالي:

$$M(T) = M_0 \phi \left(\coth \xi - \frac{1}{\xi} \right)$$

حيث ان

$$\xi = \frac{\mu_0 \rho H}{kT}$$

قد تكون التقلبات الحرارية والانتشار البراوني مرتبطة بنظرية تبديد التقلب الثانية، والتي يمكن تجاهلها من أجل التبسيط هنا.

تزداد المغنطة خطيًا مع جزء كتلة السائل الممغنط C كما يلي:

$$M(C) = M(C = 1)C$$

ويمكن الجمع بين المعادلات كالتالي:

$$M(T, C) = M(T = 0, C = 1)\left(1 - \left(\frac{T}{T_C}\right)^{\frac{3}{2}}\right) C$$

وتعريف كثافة الخليط على النحو التالي:

$$\frac{1}{\rho} = \frac{1 - C}{\rho_w} + \frac{C}{\rho_f}$$

حيث ρ_w هي كثافة الماء بينما ρ_f هي كثافة الجسيمات المغناطيسية. كما هو مبين في الفصل السابقة، يمكن أن تكون لزوجة خليط الجسيمات المائية المغناطيسية خطية على النحو التالي:

$$\mu = \mu_w(1 + 1.35C)$$

حيث ان μ_w هي لزوجة الماء.

قانون الحفاظ على الزخم في الاوساط المسامية يتمثل بقانون دارسي:

$$\mathbf{u} = -\frac{K}{\mu}\left(\nabla p - F_{\mathrm{mag}} \right.$$
$$+ g\rho_0\big(1 - \beta(T - T_r)$$
$$\left. - \beta^*(C - C_0)\big)\nabla z\right)$$

حيث ان μ اللزوجة الديناميكية. يعمل تأثير المجال المغناطيسي على سريان السوائل كقوة جسمية F_{mag} في قانون دارسي. وقد تقدم تفصيله في هذا الكتاب.

من المعروف ان سريانات الحمل الحراري تنتج عن اختلافات الحرارة والكتلة بدلالة تقريب بوسينسك،

$$\rho = \rho_0\big(1 - \beta(T - T_r) - \beta^*(C - C_r)\big)$$

حيث ان $\beta = -\dfrac{1}{\rho_0}\dfrac{\partial \rho}{\partial T}$ هو معامل التمدد الحراري، و $\beta^* = -\dfrac{1}{\rho_0}\dfrac{\partial \rho}{\partial C}$ هو معامل التمدد المادي.

معادلة الاستمرارية تعتبر هنا في أبسط صورها على النحو التالي:

$$\nabla \cdot \mathbf{u} = 0$$

وبالتالي نحصل على:

$$\nabla \cdot \mathbf{u} = -\nabla \cdot \frac{K}{\mu}\Big(\nabla p - F_{\mathrm{mag}}$$
$$+ g\rho_0\big(1 - \beta(T - T_r) - \beta^*(C - C_r)\big)\Big)$$
$$= 0$$

بالإضافة الي معادلة الحفاظ على الطاقة وهي عنصر أساسي في النموذج:

$$\frac{\partial}{\partial t}\big[(1 - \varphi)\rho_s c_{p,s} + \varphi\rho c_p\big]T + \rho\mathbf{u} \cdot \nabla T$$
$$= \nabla \cdot \big[(1 - \varphi)h_s + \varphi h\big]\nabla T$$

حيث ان c_p هي السعة الحرارية و g هي تسارع الجاذبية و h هي الموصلية الحرارية للسوائل و h_s هي الموصلية الحرارية الصلبة و K هي النفاذية و T_r و C_r هما درجة الحرارة والتركيز المرجعيان، على التوالي. p هو ضغط السائل و $\mathbf{u}$ هو سرعة السائل و φ هي المسامية.

المراجع

[1] M. F. El-Amin, Numerical Modeling of Nanoparticle Transport in Porous Media: MATLAB/PYTHON Approach. Elseiver 2023.

[2] R. P. Feynman, "There's plenty of room at the bottom [data storage]," Journal of Microelectromechanical Systems, vol. 1, no. 1, pp. 60–66, Mar. 1992, doi: 10.1109/84.128057.

[3] B. Ju and T. Fan, "Experimental study and mathematical model of nanoparticle transport in porous media," Powder Technology, vol. 192, no. 2, pp. 195–202, 2009, doi: 10.1016/j.powtec.2008.12.017.

[4] O.A., Alomair, K.M. Matar, Y.H. Alsaeed, "Nanofluids application for heavy oil recovery," In Proceedings of the SPE Asia Pacific Oil & Gas Conference and Exhibition, Adelaide, Australia, 14–16, 2014.

[5] S. A. M. Ealia and M. P. Saravanakumar, "A review on the classification, characterisation, synthesis of nanoparticles and their application," IOP Conf. Ser.: Mater. Sci. Eng., vol. 263, p. 032019, Nov. 2017, doi: 10.1088/1757-899X/263/3/032019.

[6] Enhanced Oil Recovery, II, Processes and Operations, Edited by Erle C. Donaldson, George V. Chilingarian, Teh Fu Yen, vol. 17, Part B, Pages iii-x, 1–604 (1989)

[7] V. Alvarado and E. Manrique, "Enhanced oil recovery: an update review," Energies, vol. 3, Art. no. 9, 2010, doi: 10.3390/en3091529.

[8] T. Zhang, "Modeling of nanoparticle transport in porous media," PhD thesis, Univ. of Texas, 2012.

[9] A. Maghzi, R. Kharrat, A. Mohebbi, and M. H. Ghazanfari, "The impact of silica nanoparticles on the performance of polymer solution in presence of salts in polymer flooding for heavy oil recovery," Fuel, vol. 123, pp. 123–132, 2014, doi: 10.1016/j.fuel.2014.01.017.

[10] J. Fan. Numerical study of particle transport and deposition in porous media. PhD Thesis, INSA de Rennes, 2018.

[11] N. Lashari and T. Ganat, "Emerging applications of nanomaterials in chemical enhanced oil recovery: Progress and perspective," Chinese Journal of Chemical Engineering, vol. 28, no. 8, pp. 1995–2009, 2020, doi: 10.1016/j.cjche.2020.05.019.

[12] D. T. Wasan and A. D. Nikolov, "Spreading of nanofluids on solids," Nature, vol. 423, no. 6936, pp. 156–159, 2003, doi: 10.1038/nature01591.

[13] S.S., Khalilinezhad, G. Cheraghian, M. S., Karambeigi, Characterizing the Role of Clay and Silica Nanoparticles in Enhanced Heavy Oil Recovery During Polymer Flooding. Arab J Sci Eng 41, 2731–2750, 2016. https://doi.org/10.1007/s13369-016-2183-6

[14] R. A. Hazen "Some physical properties of sand and gravels, with special reference to their use in filtration: 24th Annual Rep., Massachusetts State Board of Health – Science Open."

https://www.scienceopen.com/document?vid=199fad18-0c9d-4830-b920-cfbf680327c1

[15] D. D. Huang, M. M. Honarpour, and R. Al-Hussainy, "An Improved Model for Relative Permeability and Capillary Pressure Incorporating Wettability,'' paper presented at the," Society of Core Analysts International Symposium, Calgary, 1997.

[16] M. F. El-Amin, A. Salama, and S. Sun, "Numerical and dimensional analysis of nanoparticles transport with two-phase flow in porous media," Journal of Petroleum Science and Engineering, vol. 128, pp. 53–64, 2015, doi: 10.1016/j.petrol.2015.02.025.

[17] H. Darcy, Les fontaines publiques de la ville de Dijon : exposition et application des principes à suivre et des formules à employer dans les questions de distribution, A. du texte 1856.
https://gallica.bnf.fr/ark:/12148/bpt6k624312

[18] S. Whitaker, "Advances in theory of fluid motion in porous media," Ind. Eng. Chem., vol. 61, no. 12, pp. 14–28, 1969, doi: 10.1021/ie50720a004.

[19] C. C. Miller and J. Walker, "The Stokes-Einstein law for diffusion in solution," Proceedings of the Royal Society of London. Series A, Containing Papers of a Mathematical and Physical Character, vol. 106, no. 740, pp. 724–749, 1924, doi: 10.1098/rspa.1924.0100.

[20] R. S. Cushing and D. F. Lawler, "Depth Filtration: Fundamental Investigation through Three-Dimensional Trajectory Analysis,"

Environ. Sci. Technol., vol. 32, no. 23, pp. 3793–3801, Dec. 1998, doi: 10.1021/es9707567.

[21] S. A. Bradford, S. R. Yates, M. Bettahar, and J. Simunek, "Physical factors affecting the transport and fate of colloids in saturated porous media," Water Resources Research, vol. 38, no. 12, pp. 63-1-63–12, 2002, doi: 10.1029/2002WR001340.

[22] E. Cullen, D. M. O'Carroll, E. K. Yanful, and B. Sleep, "Simulation of the subsurface mobility of carbon nanoparticles at the field scale," Advances in Water Resources, vol. 33, no. 4, pp. 361–371, Apr. 2010, doi: 10.1016/j.advwatres.2009.12.001.

[23] X. Liu, D. M. O'Carroll, E. J. Petersen, Q. Huang, and C. L. Anderson, "Mobility of Multiwalled Carbon Nanotubes in Porous Media," Environ. Sci. Technol., vol. 43, no. 21, pp. 8153–8158, Nov. 2009, doi: 10.1021/es901340d.

[24] Y. Wang, Y. Li, and K. D. Pennell, "Influence of electrolyte species and concentration on the aggregation and transport of fullerene nanoparticles in quartz sands," Environmental Toxicology and Chemistry, vol. 27, no. 9, pp. 1860–1867, 2008, doi: 10.1897/08-039.1.

[25] M. J. Murphy, "Experimental analysis of electrostatic and hydrodynamic forces affecting nanoparticle retention in porous media," PhD Thesis, 2012.

[26] M. F. El-Amin, A. Salama, and S. Sun, "Numerical and dimensional analysis of nanoparticles transport with two-phase flow in porous media," Journal of Petroleum Science and Engineering, vol. 128, pp. 53-64, 2015.

[27] M. F. El-Amin, S. Sun, and A. Salama, "Enhanced oil recovery by nanoparticles injection: modeling and simulation," in SPE Middle East Oil and Gas Show and Conference, 2013: Society of Petroleum Engineers.

[28] C. Gruesbeck, and R. Collins, Entrainment and Deposition of Fine Particles in Porous Media, Society of Petroleum Engineers Journal, 22, pp. 847-856, 1982.

[29] B. Ju, S. Dai, Z. Luan, T. Zhu, X. Su, and X. Qiu, "A study of wettability and permeability change caused by adsorption of nanometer structured polysilicon on the surface of porous media," in SPE Asia Pacific oil and gas conference and exhibition, 2002: Society of Petroleum Engineers.

[30] X. H. Liu and F. Civian, A multiphase mud fluid in filtration and filter cake formation model, SPE-25215, SPE International Symposium on Oil Field Chemistry, New Orleans, LA, U.S.A., (1996).

عن المؤلف

مؤلف هذا الكتاب هو الدكتور محمد فتحي الأمين، أستاذ مرموق في الرياضيات التطبيقية والعلوم الحسابية والهندسية. يتولى منصب أستاذ في جامعة أسوان بمصر وجامعة عفت بالمملكة العربية السعودية.

بدأ رحلته الأكاديمية بحصوله على الدكتوراه في مايو ٢٠٠١ والاستاذية في فبراير ٢٠١٢. وعمل في جامعات عريقة مثل:

☞ جامعة جنوب الوادي وأسوان في مصر.

☞ وجامعة شتوتجارت في ألمانيا.

☞ وجامعة كيوشو في اليابان.

☞ وكاوست في السعودية.

بالإضافة إلى كونه أستاذًا زائرًا بجامعة تكساس في أوستن بالولايات المتحدة الأمريكية.

لديه مسيرة مهنية غنية تزيد عن ٢٥ عامًا، حيث أسهم ببحوثه في ميادين متعددة تشمل العلوم الحسابية، والرياضيات التطبيقية، وانتقال الحرارة، وديناميكا الموائع، ومحاكاة الخزانات الجوفية، وطاقة الهيدروجين، وتوليد المياه من الهواء، وغيرها من الموضوعات البحثية الهامة.

نشر الدكتور/ محمد فتحي الأمين أكثر من ٢٠٠ مقالة وورقة بحثية وفصلًا في كتب، وكتاب. وساهم بدور حيوي في الحقل الأكاديمي من خلال تحرير العديد من الكتب والأعداد الخاصة للمجلات العلمية، وتنظيم ورش عمل ومؤتمرات مختلفة.

يبرز من بين إسهاماته الحديثة تأليف كتاب "النمذجة العددية لنقل الجسيمات النانوية في الوسائط المسامية" الذي نشرته دار إلسيفير في عام ٢٠٢٣.

❋ ❋ ❋

المحتويات

تقديم 5

الفصل الأول تكنولوجيا النانو 8

❖ مقدمة 10

❖ استخدام الجسيمات النانوية في تعزيز استخلاص النفط 18

❖ الجسيمات النانوية وانتقال الحرارة 25

❖ الجسيمات النانوية وتوليد المياه من الغلاف الجوي 27

❖ التقاط ثاني أكسيد الكربون بواسطة المواد النانوية 29

❖ تخزين ثاني أكسيد الكربون في الخزانات الجيولوجية 31

❖ السوائل النانوية في خزانات هيدروجين هيدريد المعدن 33

❖ السوائل الممغنطة 35

❖ تتميز السوائل الحديدية النموذجية بالخصائص التالية: 39

❖ استقرار معلقات الجسيمات النانوية 40

❖ الجسيمات النانوية وNAPL 41

❖ انتقال البوليمر تحت المجال المغناطيسي 43

الفصل الثاني المفاهيم الأساسية 44

❖ نظرية الاستمرارية وسريان الموائع 45

❖ السريان في الاوساط المسامية 47

❖ خصائص الصخور 51

■ المسامية 51

■ النفاذية 52

❖ المقاييس في الأوساط المسامية 53

❖ خصائص الموائع 53

■ الكثافة 53

■ اللزوجة 54

■ التشبع 54

■ الضغط الشعري 55

■ النفاذية النسبية 56

❖ نمذجة السريان في الاوساط المسامية 57

■ معادلة الحفظ الشامل 57

■ قانون دارسي 60

■ نموذج التشتت 61

■ نظرية الترشيح 62

❖ انتقال الجسيمات النانوية في سريان أحادي الطور 63

■ تغير النفاذية النسبية 66

❖ الموائع ثنائية الطور في الاوساط المسامية 67

❖ الخواص الحرارية للسوائل النانوية 70

الفصل الثالث التحليل البعدي والحلول التحليلية 74

❖ التحليل البعدي 76

❖ انتقال الجسيمات النانوية في سريان أحادي الطور 76

❖ النموذج أحادي الطور الغير بعدي 78

❖ الحلول التحليلية 81

❖ السوائل النانوية في الطبقة الجدارية 84

الفصل الرابع الجسيمات النانوية في الاوساط المتشققة 94

❖ مقدمة 94

❖ طريقة الاستمرارية المزدوجة 96

❖ طريقة الشروط الحدية 98

❖ طريقة عامل الشكل 99

❖ نموذج الشق المنفصل 100

الفصل الخامس الاوساط المسامية متباينة الخواص 104

❖ طبيعة الاوساط المسامية متباينة الخواص 104

❖ السريان في الاوساط المسامية متباينة الخواص 105

❖ الجسيمات النانوية في الاوساط المسامية متباينة الخواص 108

الفصل السادس الجسيمات النانوية المغناطيسية 110

❖ مقدمة 110

❖ الجسيمات النانوية المغناطيسية في السريان أحادي الطور 117

❖ السوائل الحديدية غير منتظمة الحرارة 118

المراجع 122

عن المولف 128

المحتويات 130

✳ ✳ ✳